Lakshmi Kanta Hazarika
Mousumi Phukon

Efeitos imuno-depressivos de Beauveria bassiana Vuill. na hispa do arroz

Lakshmi Kanta Hazarika
Mousumi Phukon

Efeitos imuno-depressivos de Beauveria bassiana Vuill. na hispa do arroz

ScienciaScripts

Cover image: www.ingimage.com

This book is a translation from the original published under ISBN 978-620-2-05307-5.

Publisher:
Sciencia Scripts
is a trademark of
Dodo Books Indian Ocean Ltd. and OmniScriptum S.R.L publishing group

120 High Road, East Finchley, London, N2 9ED, United Kingdom
Str. Armeneasca 28/1, office 1, Chisinau MD-2012, Republic of Moldova, Europe
Printed at: see last page
ISBN: 978-620-7-72942-5

ÍNDICE

Capítulo 1

INTRODUÇÃO

O arroz *(Oryza sativa* L.) é o alimento de base da população de quase todos os países asiáticos, fornecendo $2/3^{rd}$ das suas necessidades calóricas diárias, além de ser uma importante fonte de subsistência. A produção, o consumo e o comércio mundiais de arroz concentram-se na Ásia, que contribui com 90 a 95% da produção mundial. Em termos de dominância alimentar, nenhum outro alimento se aproxima do arroz. Na Índia, o arroz está a ser cultivado em 45 milhões de hectares, com uma produção total de 133,5 milhões de toneladas de grãos, contra um rendimento realizável de 150 milhões de toneladas (USDA, 2002).

Para além dos efeitos exercidos por numerosos stresses abióticos e bióticos, a produtividade da cultura do arroz é ameaçada por uma série de pragas de insectos desde o viveiro até à colheita, causando enormes perdas de rendimento. Nos últimos anos, a hispa do arroz, *Dicladispa armigera* (Olivier) (Coleoptera: Chrysomelidae), tornou-se um importante fator limitante da produção de arroz, especialmente na estação *Sali* andyl/zw, uma vez que pode causar danos até 35-65% (Hazarika e Dutta, 1991; Puzari e Hazarika, 1992).

A gestão das pragas de insectos com microrganismos é uma ideia simples mas elegante. O controlo biológico das pragas das culturas com agentes patogénicos microbianos, ***nomeadamente*** vírus, bactérias, fungos, protozoários e nemátodos, pode proporcionar uma gestão sustentável e estável das pragas, uma vez que não são tóxicos para os mamíferos, não deixam resíduos de pesticidas e não causam poluição ambiental. Esses agentes são específicos das pragas visadas, pelo que contribuirão para a preservação e manutenção da biodiversidade. Entre os pesticidas microbianos, os fungos entomopatogénicos têm uma grande vantagem. Podem infetar os insectos por contacto. Assim, não precisam de ser ingeridos para serem eficazes. Os fungos entomopatogénicos paralisam ou matam os seus hospedeiros, afectando negativamente o crescimento e o desenvolvimento dos insectos hospedeiros.

Estudos anteriores sobre a hispa do arroz mostraram que o fungo da muscardina branca, *Beauveria bassiana* (Bals.) Vuill. actuava como um dos principais bioagentes para suprimir a população desta praga (Hazarika e Puzari, 1990, 1995; Puzari e Hazarika, 1991, 1992, 1994). Hazarika e Puzari (1995) relataram que *B. bassiana* infectou e matou adultos, larvas e ovos no campo. Ao aderirem à superfície do corpo, os esporos germinam, ramificam-se e entram na hemocele através da perfuração do tegumento e utilizam a hemolinfa e a cutícula, crescendo profusamente no interior da hemocele (Puzari *et al.*, 1994; Hazarika e Puzari, 1995). No entanto, não se sabe como é que este fungo se comporta com os hemócitos *in vivo.*

Os insectos estão continuamente expostos a microrganismos de todos os tipos e desenvolveram uma capacidade de lhes resistir. Investigações recentes indicam que os insectos possuem mecanismos de defesa eficazes, capazes de resistir, conter e mesmo eliminar muitos potenciais invasores (Whitecomb *et al.,* 1974). A capacidade dos mecanismos de defesa está associada a componentes celulares e humorais do sistema imunitário dos insectos. Em comparação com os vertebrados, o sistema imunitário dos insectos é simples, uma vez que não possuem complexos antigénio-anticorpo, embora sejam capazes de responder de forma muito eficaz contra invasores estranhos. Burnet (1968) salienta que os invertebrados possuem um mecanismo de reconhecimento de estranhos incorporado nas células fagocíticas.

No mecanismo de defesa celular, os hemócitos são capazes de reconhecer isoenxertos (próprios) e aloenxertos (não próprios) (Lackie, 1986). As defesas celulares são mediadas principalmente pelos hemócitos e incluem os processos de fagocitose, formação de nódulos, encapsulamento e coagulação da hemolinfa, quatro tipos principais de mecanismos imunitários nos insectos (Salt, 1970; Kulshreshtha e Pathak, 1997). As funções imunológicas mais importantes de fagocitose e encapsulamento de antigénios estranhos são geralmente desempenhadas por dois tipos de células sanguíneas, os granulócitos (GR) e os plasmatócitos (PL), que foram designados pela primeira vez como imunócitos por Gupta (1985a). Estes dois hemócitos, juntamente com os coagulócitos (CO), também estão envolvidos na formação de nódulos (Ratcliffe *et al.,* 1977). Na secção subsequente, estes aspectos são revistos, sendo evidente que os estudos relacionados com as reacções de defesa mediadas por células em insectos em resposta a fungos entomopatogénicos são limitados, especialmente os de Gotz e Vey (1974); Boczkowska (1935); Sirotina (1961). A insuficiência de conhecimentos neste domínio impede-nos, portanto, de compreender o que é a imunodepressão mediada por hemócitos no inseto em resposta a *B. bassiana.* A fagocitose é uma resposta localizada de uma região da membrana plasmática do imunócito e o seu citoesqueleto subjacente em contacto com o antigénio estranho ativa os imunócitos. Isto provoca alterações estruturais nos imunócitos.

O controlo das pragas de insectos por imunodeficiência artificialmente induzida (AIID) é um conceito atrativo e promissor, uma vez que é possível deprimir e prejudicar o sistema imunitário de um inseto para esse fim. O sistema imunitário de um animal protege-o de antigénios estranhos, garantindo assim a sua sobrevivência. Qualquer comprometimento das suas defesas imunológicas ameaçará a sua existência e será mesmo letal (Gupta, 1985a).

Um estudo da alteração da imagem dos hemócitos em resultado do efeito do agente patogénico é pertinente para a compreensão da função dos hemócitos e para a interpretação adequada dos resultados de estudos subsequentes dos hemócitos. Tendo em conta estes factos, a presente investigação foi realizada para compreender certos aspectos do comportamento imunodepressivo de *Beauveria bassiana* em *Dicladispa armigera.*

Capítulo 2

REVISÃO DA LITERATURA

A literatura sobre o efeito imuno-depressivo de *Beauveria bassiana* em qualquer inseto é muito escassa; como tal, os trabalhos relevantes realizados na Índia e no estrangeiro relativos a fungos entomopatogénicos foram revistos sob diferentes títulos neste capítulo

2.1 Populações de hemócitos :

F ara uma descrição do quadro sanguíneo de um inseto num determinado momento, as medições mais importantes são a população hemocitária em termos de contagem total de hemócitos (THC), contagem diferencial de hemócitos (DHC) e volume sanguíneo (BV). Neste ponto, será dada ênfase às THC e DHC.

2.1.1Contagem total de hemócitos (THC) :

Os THCs representam a população de hemócitos circulantes num inseto, que variam entre 25000 e 10 /mm^{53} , mas podem ser inferiores nos Endopterygota adultos e são muito baixos, cerca de 100/mm^3 em alguns heterópteros. O número de células depende da BV. Em geral, muitas das células se decompõem na fase de pupa e uma nova geração surge no adulto por divisão da PR (Gupta, 1985a). Vários trabalhadores relataram alterações no THC durante o crescimento e o desenvolvimento dos insectos, mas este pode variar em função do tratamento dos insectos e das condições fisiológicas e de desenvolvimento (Yeager, 1945; Wheeler, 1963; Jones, 1967a; Shapiro, 1979a). Salt (1970) advertiu ainda que o THC pode variar devido aos procedimentos de amostragem e às alterações inerentes ao rácio entre hemócitos circulantes e sedentários. As alterações que ocorrem na população de hemócitos em termos de THC durante o desenvolvimento em insectos Endopterygota são brevemente revistas; no entanto, são também incluídos alguns exemplos de Exopterygota, que são de natureza clássica. Tauber e Yeager (1936) registaram um teor de THC mais elevado nas larvas de *Phyllophga* e *Osmorderma do* que nos seus adultos. Arvy *et al.* (1948) não registaram qualquer diferença no THC entre larvas, pupas e adultos de *Leptin otarsa.*

Clark e Chadbourne (1960) não observaram diferenças no THC de larvas e pupas diapatizantes e não diapatizantes do verme da bola cor-de-rosa. Tauber e Yeager (1935) registaram que a contagem total de hemócitos era mais elevada nas fêmeas de *Periplaneta* e *Blatta* portadoras de ootecas do que nas fêmeas normais. Em *Periplaneta,* o THC foi reduzido no momento da ecdise, seguido de uma acumulação muito rápida de hemócitos nas 24 horas seguintes à ecdise (Patton e Flint, 1959). Anteriormente, a variação entre os indivíduos também era comum (Smith, 1938). Também demonstraram que os adultos de grilos *(Udeopsylla),* gafanhotos *(Melanoplus),* moscas-do-dragão *(Plathermis)* e percevejos *(Euschistus)* tinham uma população de hemócitos mais elevada do que as suas ninfas e concluíram que havia um aumento gradual do número de hemócitos durante o desenvolvimento. Em *Sehistocerea* (Mathur e Soni, 1937) e em *Locusta* (Webley, 1951) registou-se uma maior população de células nos adultos do que nas ninfas. Jones (1956, 1967b) referiu que, durante as últimas fases, o THC aumentou antes da pupação, enquanto na fase pré-pupal até à fase de pupa castanha, o THC diminuiu em *Sarcophaga bullata.* Em *Prodenia eridania,* o THC não variou significativamente nas larvas de 6th instar à medida que se aproximavam da pupação e o número de células era mais elevado nas larvas do que nos adultos (Rosenberger e Jones, 1960). Nas larvas de *Trichoplusis ni* (Laigo e Paschke, 1966), as contagens de células variaram, enquanto que em *Heliothis zea* (Shapiro *et al.,* 1969) foram observadas poucas alterações no número de larvas com seis a dez dias de idade. Em *H. virescens* (Vinson, 1971), o THC aumentou durante o período larvar. A muda de 5th instares do verme do exército, *Pseudaletia unipuncta,* tinha THCs mais elevados, mas após a muda a população de células diminuiu e continuou a diminuir até à pré-pupação (Wittig, 1965). Nas larvas de *Euxoa declorata,* o número de células aumentou durante os 2nd a 6th instares (Arnold e Hinks, 1976).

Arnold (1952) referiu que a população de hemócitos aumentava durante o desenvolvimento larvar e atingia o seu máximo no período pré-pupal, mas durante a pupação o número diminuía e voltava a aumentar ligeiramente no primeiro dia de vida adulta, na traça da farinha do Mediterrâneo. O THC atingiu um pico em cada muda nas larvas de *Bombyx mori,* mas o THC mais elevado foi atingido no 5th instar (Nittono, 1960). O THC diminuiu e atingiu o seu nível mais baixo após a emergência do adulto. Jones (1967a) concluiu que o THC aumentava durante o desenvolvimento larvar e que as contagens de larvas fixadas pelo calor eram significativamente mais elevadas do que as de larvas não fixadas de *Galleria mellonella.* Hazarika e Gupta (1987) observaram que o THC aumentava alometricamente durante o desenvolvimento de *Blatella germanica. Do* mesmo modo, Bardoloi e Hazarika (1995) estudaram os THC do bicho-da-seda muga e verificaram um aumento linear à medida que o inseto se desenvolvia de um instar para o seguinte, sendo máximo no 5th instar. Do mesmo modo, os THCs também aumentaram do 3rd instar para o adulto de *Acanthaspis pedestris* (George e Ambrose, 1998).

2.1.2Contagem diferencial de hemócitos :

As DHC foram utilizadas para fornecer dados indirectos sobre a hemopoiese, que não são afectados por alterações do volume celular, uma vez que representam proporções das células contadas. Jones (1950) referiu que os plasmatócitos e os granulócitos eram os principais hemócitos nas larvas de Tenebrio durante todo o período larvar. Em *Rhodnius,* Jones (1967c) verificou que os PLs aumentavam e os GRs diminuíam durante o período de jejum que se seguia a cada ecdise. Após os 4th e 5th instares terem tomado uma refeição de sangue, as PLs diminuíram e as GRs aumentaram. Inversamente, nos adultos, após a alimentação, as PLs aumentaram e os GRs diminuíram.

Jones e Liu (1961) estudaram as alterações dos hemócitos em *Rhodnius.* Antes da muda, os (PRs) diminuíram mas os adipohemócitos (ADs) aumentaram. Na muda, os PRs e os GRs aumentaram, enquanto os PLs, os ADs e os Oenocitóides (OEs) diminuíram. Após a muda, os PL e os OEs aumentaram e os GR diminuíram. Os autores relacionaram este declínio com uma maior atividade fagocitária destas células, sobretudo na altura da muda. Shapiro (1966) examinou as DHC de larvas de 6th e 7th instares de *Galleria* e verificou que a maior percentagem de PRs ocorria do meio para o fim do 6th instar e da pupa. À medida que as larvas amadureciam, a proporção de PLs redondas diminuía, enquanto o inverso era verdadeiro para as PLs fusiformes. No caso das GR, foi atingido um patamar. Yeager (1945) observou um pico de PRs no meio do penúltimo instar. A proporção de PRs diminuiu e depois aumentou à medida que as larvas de último ínstar se aproximavam da pré-pupação e um aumento de GRs até meio do último instar.

No bollworm rosa, *Pectinophora gossypiella,* foram observados sete tipos de hemócitos no último instar larvar. As contagens totais e diferenciais de hemócitos efectuadas a partir de larvas em diapausa e não em diapausa mostraram que, durante a diapausa, houve uma redução significativa do número de hemócitos. O nível de hemócitos aumentou após o fim da diapausa (Raina e Bell, 1974).

Num estudo sobre os hemócitos de um afídeo, Boiteau e Perron (1976) verificaram que os PRs se encontravam em níveis baixos durante toda a fase larvar e adulta, enquanto os PLs eram os mais elevados de todos os grupos até ao final do 3rd instar, tendo depois diminuído. Por outro lado, os GR foram baixos até ao final do 3rd instar, tendo depois aumentado para se tornarem os mais elevados em número de todos os tipos.

A percentagem de PRs em *Euxoa* atingiu um máximo durante o 3rd instar e depois diminuiu. A proporção de GRs diminuiu de 49% para 31% em larvas de 2nd instar e depois aumentou durante o desenvolvimento larvar (Arnold e Hinks, 1976).

George e Ambrose (1998) estudaram as contagens de hemócitos de *Acanthespis pedestris* e verificaram que, à exceção das PLs e OEs, os outros hemócitos aumentaram do 3rd instar ao adulto. Os OEs estavam presentes apenas no 5th instar e no adulto.

Behera *et al.* (1999) examinaram os hemócitos do pulgão do crisântemo comum, *Macrosiphoniela sanborni* e concluíram que 1st ninfa de instar continha apenas PRs, a ninfa de segundo e terceiro instar tinha 58,7 a 74,7% de PRs e 25,3 a 41,3% de PLs. O 4th instar e os adultos continham 52-58% de PRs, 32-36% de PLs, 6,3-1,0% de GRs e 3-5,7% de ADs.

2.2 Respostas dos hemócitos às infecções :

Os microrganismos nocivos têm sido continuamente utilizados como agentes de exposição para os insectos, tendo estes desenvolvido uma capacidade de lhes resistir. Esta capacidade está associada a componentes celulares e humorais do sistema imunitário dos insectos. Os hemócitos dos insectos dão uma resposta imediata ao ataque de micróbios, como fungos, bactérias, vírus, nemátodos e parasitóides. Após uma lesão, ocorrem alterações qualitativas e quantitativas nas populações de hemócitos. As alterações populacionais serão determinadas principalmente por alterações no número (THCs) e nos tipos de hemócitos (DHCs) e no volume sanguíneo (BV) (Shapiro, 1979).

2.2.1Fungi :

Spear (1920) não registou qualquer efeito adverso nos hemócitos de *Prodenia* após a infeção por *Sorosporella uvella.* Boezkowska (1935) chegou à conclusão de que os hemócitos formavam células gigantes quando *B. bassiana* e *Metarhizium anisopliae* eram aplicados em *Galleria mellonella* ou arredondados em *Leptinotarsa* após infeção por *B. bassiana* (Cermakova e Samsinakova, 1960); o número de células sanguíneas de *Cercopia* aumentava após infeção por *Aspergillus flavus* (um agente patogénico), mas diminuía à medida que o fungo se multiplicava no hospedeiro (Sussman, 1952). Sirotina (1961) relatou que o quadro sanguíneo de *Leptinotarsa* durante a infeção por *Beauveria* mostrou profundas alterações patológicas. O número de células patológicas formadas e em degeneração aumentou acentuadamente, enquanto o número de hemócitos fagocíticos diminuiu drasticamente. Kulshreshtha e Pathak (1997) estudaram as respostas imunitárias causadas por *Aspergillus* em *Blatella germanica* e registaram um aumento notável nas contagens de GR e PL dos insectos infectados, sugerindo um envolvimento máximo de PL e GR nos mecanismos imunitários.

2.2.2Bactérias :

O estudo dos efeitos de doses pesadas e ligeiras de *Bacillus thuringiensis* vivo e morto na população de hemócitos do 6th instar de *Pseudaletia unipuncta* revelou um aumento da proporção de microplasmatócitos fagocíticos em comparação com os microplasmatócitos circulantes (Wittig, 1965).

Ao estudar as defesas celulares e humorais de *Glossina* contra bactérias, tripanossomas e implantes experimentais, Kaaya *et al.* (1986) observaram que *Bacillus cereus* era mais patogénico do que *Escherichia coli* para *Glossina morsitans* quando injetado na hemocele. As bactérias foram fagocitadas por hemócitos individuais e formaram-se pequenos aglomerados de hemócitos que continham várias bactérias, mas não foram observados nódulos típicos. A injeção de *E. coli* viva não provocou qualquer diminuição das contagens totais de hemócitos (THC), ao passo que a *B. cereus* viva e a endotoxina de *E. coli* provocaram quedas significativas das THC resultantes de uma aglutinação e lise acentuadas dos hemócitos. O tecido estranho implantado na *Glossina* tornou-se intensamente melanizado, mas não foi observada qualquer formação de cápsulas celulares.

Arnold (1952) observou um grande número de adipohemócitos associados à infeção bacteriana em *Anagasta.* Ele também relatou a redução de plasmatócitos e o aumento de adipohemócitos após a infeção de *Sareina lutea.* Tauber e Yeager (1935, 1936) e Beard (1945) observaram um aumento de THC na hemolinfa de insectos devido a uma infeção bacteriana. Verificou-se uma redução drástica do número de hemócitos durante as infecções bacterianas (Kostritsky *et al.,* 1924; Babers, 1938; Wittig, 1965). Wille (1974) não observou qualquer efeito da infeção bacteriana sobre a morfologia dos hemócitos de *Apis.*

2.2.3Vírus :

Wittig (1962) analisou a patologia das células sanguíneas dos insectos durante uma infeção viral. Após a infeção com um vírus em Pseudaletia, os granulócitos aumentaram inicialmente, depois diminuíram, enquanto os esferulócitos e os prohemócitos aumentaram; no entanto, houve uma redução drástica global do THC (Wittig, 1968). Xeros e Smith (1954) registaram um grande aumento do THC em *Tipula* durante a infeção por nucleopoliedrose.

Shapiro *et al.* (1969) estudaram as alterações dos hemócitos em larvas de *Heliothis zea* infectadas com um vírus da nucleopoliedrose (NPV) e referiram que o número de hemócitos circulantes diminuiu significativamente entre as larvas de 6 dias de idade tratadas e não tratadas. Não foi observada uma diminuição correspondente nas larvas não expostas ou nas larvas expostas a uma dose baixa de vírus. O número médio de hemócitos esferulados, que normalmente diminui durante a pré-pupação, aumentou nas larvas com VNP.

Jayachandran *et al.* (1999) examinaram o mecanismo de defesa celular contra o ataque do NPV nas larvas mais velhas de *Spodoptera litura* em termos de THCs e DHCs. Verificou-se um declínio geral do THC em resposta ao NPV, tanto nas larvas jovens como nas velhas, sendo esse declínio maior nas larvas mais jovens. Após a infeção, verificou-se um aumento geral de todos os tipos de hemócitos, exceto granulócitos e esferulócitos, em resposta à infeção pelo VNP.

Ao estudar as alterações dos constituintes da hemolinfa de *Helicoverpa armigera* infetada com o vírus da nucleopoliedrose (Kalia *et al.,* 2001), verificou-se uma diminuição geral do THC em resposta ao tratamento com NPV, tanto nas larvas jovens como nas velhas. Contudo, a diminuição foi mais evidente nas larvas com 5 e 8 dias do que nas larvas com 10 dias. O hemócito diferencial mostrou menos células granulares e mais células esferuliformes e PRs nas larvas velhas.

2.2.4. Nemátodo :

Gray e Anderson (1983) estudaram as reacções celulares de um grilo do campo, *Gryllus pennsylvanicus,* contra um nemátodo, *Turgida turgida,* e referiram que as larvas causavam pouca destruição celular ou resposta hemocítica até 18 horas após a infeção. Os sincícios de origem celular epitelial formaram-se à volta das larvas 28 horas após a infeção. Inicialmente, cada sincício estava rodeado de hemócitos e, mais tarde, formaram-se duas camadas bem definidas que levaram à melanização.

2.2.5Parasitóides :

Num estudo sobre as alterações na população de hemócitos das larvas de Drosophila após parasitação única e múltipla por *Cothonaspis* (Parasitic cynipidae), Carton e Kitano (1979) verificaram que os THC das larvas parasitadas eram inferiores aos das larvas não parasitadas. As células dos lamelócitos aumentaram de 18% para 37% e este aumento da taxa foi estabelecido à custa da população de PLs que, no entanto, diminuiu.

[rd]Ao estudar as alterações nas DHCs de *Heliothis virescens* causadas por *Campoletis sonorensis,* Davis *et al.* (1987) observaram que, em larvas de 3 instares não parasitadas, as PLs representavam 21% da população total de hemócitos circulantes. Houve uma

queda significativa neste valor para 4% dentro de 4 horas após a parasitização e permaneceu neste nível durante 3 dias após a oviposição. Houve também um aumento concomitante na proporção de granulócitos, de 42-54 por cento em larvas não parasitadas para 52-70 por cento em larvas parasitadas.

Num estudo sobre os hemócitos de *Spodoptera littoralis,* Zohdy (2000) chegou à conclusão de que o THC das larvas parasitadas diminuía significativamente em comparação com o das larvas saudáveis. O THC também era mais baixo nas larvas tratadas com inseticida do que nas larvas não tratadas. A contagem de células fagocíticas foi maior nas larvas parasitadas e não parasitadas, tratadas com delfin ou baythroid do que nas não tratadas. O número de plasmatócitos, granulócitos e oenócitos aumentou durante o desenvolvimento larvar, enquanto o de prohemócitos não aumentou.

Abdel-Rahman (2000) estudou a DHC em larvas saudáveis e parasitadas de *Spodoptera littoralis* e observou anomalias em todos os tipos de hemócitos devido ao parasitismo por *Microplitis rufiventris.* Russo *et al.* (2001) estudaram as alterações dos hemócitos em estirpes resistentes e susceptíveis de *Drosophila melanogaster* causadas por estirpes virulentas e avirulentas da vespa parasitoide, *Leptopilina boulardi.* As larvas hospedeiras resistentes infectadas com as estirpes virulentas ou avirulentas da vespa parasitoide tinham ligeiramente mais hemócitos por mm^3 do que as larvas hospedeiras susceptíveis no início da reação (menos de 15 h após a parasitização). Apenas a estirpe virulenta causou a produção de uma elevada percentagem de lamelócitos alterados, metade do número total de lamelócitos está alterado.

2.3 Respostas imunitárias :

A resposta inicial da hemolinfa dos insectos às partículas estranhas é mediada pelos hemócitos circulantes. Os hemócitos dos insectos são extremamente eficientes na remoção de partículas estranhas, tais como fungos, bactérias, vírus, nemátodos e ovos de endoparasitas de himenópteros da hemocele, quer por fagocitose, quer pela formação de nódulos ou Enquanto estudavam as alterações nas DHCs de *Heliothis virescens* causadas por *Campoletis sonorensis,* Davis *et al.* (1987) observaram que, em larvas de 3rd instar não parasitadas, as PLs representavam 21% da população total de hemócitos circulantes. Houve uma queda significativa neste valor para 4% dentro de 4 horas após a parasitização e permaneceu neste nível durante 3 dias após a oviposição. Houve também um aumento concomitante na proporção de granulócitos, de 42-54 por cento em larvas não parasitadas para 52-70 por cento em larvas parasitadas.

Num estudo sobre os hemócitos de *Spodoptera littoralis,* Zohdy (2000) chegou à conclusão de que o THC das larvas parasitadas diminuía significativamente em comparação com o das larvas saudáveis. O THC também era mais baixo nas larvas tratadas com inseticida do que nas larvas não tratadas. A contagem de células fagocíticas foi maior nas larvas parasitadas e não parasitadas, tratadas com delfin ou baythroid do que nas não tratadas. O número de plasmatócitos, granulócitos e oenócitos aumentou durante o desenvolvimento larvar, enquanto o de prohemócitos não aumentou.

Abdel-Rahman (2000) estudou a DHC em larvas saudáveis e parasitadas de *Spodoptera littoralis* e observou anomalias em todos os tipos de hemócitos devido ao parasitismo por *Microplitis rufiventris.* Russo *et al.* (2001) estudaram as alterações dos hemócitos em estirpes resistentes e susceptíveis de *Drosophila melanogaster* causadas por estirpes virulentas e avirulentas da vespa parasitoide, *Leptopilina boulardi.* As larvas hospedeiras resistentes infectadas com as estirpes virulentas ou avirulentas da vespa parasitoide tinham ligeiramente mais hemócitos por mm^3 do que as larvas hospedeiras susceptíveis no início da reação (menos de 15 h após a parasitização). Apenas a estirpe virulenta provocou a produção de uma elevada percentagem de lamelócitos alterados, metade do número total de lamelócitos está alterado.

2.3 Respostas imunitárias :

A resposta inicial da hemolinfa dos insectos às partículas estranhas é mediada pelos hemócitos circulantes. Os hemócitos dos insectos são extremamente eficientes na remoção de partículas estranhas, tais como fungos, bactérias, vírus, nemátodos e ovos de endoparasitas de himenópteros da hemocele, quer por fagocitose, formação de nódulos ou encapsulamento (Dunn, 1986). A principal defesa mediada por hemócitos das larvas de insectos contra parasitóides é o encapsulamento (Ratcliffe, 1993; Carton e Nappi, 1997). Contra os parasitas e outros componentes não próprios que são demasiado grandes para serem fagocitados por células individuais, os insectos produzem uma reação hemocítica que leva à formação de uma cápsula multicelular.

2.3.1Encapsulamento :

O encapsulamento geralmente ocorre dentro de 24 horas após a parasitização (Shapiro, 1969) e envolve as células sanguíneas na formação de uma bainha multicelular que pode se tornar parcial ou totalmente melanizada e matar o parasita fechado. A melanização resultante da conversão do fenol em O-quininas acompanha a reação celular e tem sido considerada uma componente importante da resposta imunitária

(Taylor, 1969). Os insectos formam cápsulas contra objectos biológicos, como fungos (Salt, 1970; Gotz e Vey, 1974), e nemátodos (Poinar *et al.*, 1968; Nappi e Stoffolano, 1971, 1972). Parasitóides de insectos (Salt, 1970, 1973, 1975).

Foi referida a participação de vários tipos de células sanguíneas no encapsulamento celular: amebócitos, leucócitos, macronucleócitos, lamelócitos, podócitos, esferulócitos e granulócitos (Timberlake, 1912; Hollande, 1920: Palliot, 1928; Nappi e Streams, 1969; Walker, 1959 e Brehelin *et al.*, 1975). A maior parte destes hemócitos enquadra-se provavelmente na PL e ou GR (Jones, 1962; Shaprio, 1969; Price e Ratcliffe, 1974).

2.3.1.1Fungi :

Foi observada uma infeção natural *de Aspergillus flavus* em adultos de *Blatella germanica*, devido à qual os granulócitos engoliram as hifas fúngicas. Os dois principais tipos de resposta imunitária do inseto observados foram a fagocitose e o encapsulamento, nos quais as PL e as GR estiveram principalmente envolvidas (Kulshreshtha e Pathak, 1997).

2.3.1.2Bactérias :

Glinski e Jarosz (1999) referiram que a imunização de pupas *de Galleria mellonella* com 2-3 dias de idade com *Enterobacter cloacae* induziu uma resposta antibacteriana. A hemolinfa dos insectos não imunizados continha normalmente um baixo nível de lisozima, que aumentou drasticamente após a infeção da cavidade corporal com esta bactéria não patogénica.

2.3.1.3Nemátodo :

Poinar e Leutenegger (1971) relataram que ocorreu um verdadeiro encapsulamento humoral em torno do nemátodo *Neoplectana carpocapsae* em *Culex pipiens.*

2.3.1.4Parasitóides :

Os lamelócitos e os podócitos agregam-se à volta do ovo ou das larvas do parasita *Leptopilina heterotoma,* formando uma cápsula que consiste em várias camadas de células achatadas em *Drosophila melanogaster* (Walker, 1959; Nappi e Streams, 1969). A melanina é depositada após a lise das células cristalinas (Rizki, 1957; Rizki e Rizki, 1959). Quando *as Drosophila* são infectadas por parasitas metazoários internos *Campolites boulardi,* as larvas hospedeiras apresentam frequentemente uma reação celular rápida que resulta no encapsulamento e melanização dos parasitas (Carton e Kitano, 1979). A formação de cápsulas é observada em *Drosophila melanogaster* parasitada por *Pseudeucoila mellipes* (Nappi e Streams, 1969).

A formação de cápsulas melanóticas é uma caraterística consistente da resposta imunitária das larvas de *Drosophila* contra vários parasitóides (Rizki e Rizki, 1984a, Nappi e Carton, 1986). Carton *et al.* (1992) verificaram que as larvas de *Drosophila* melanogaster produzem uma reação hemocítica contra os ovos do parasitoide *Leptopilina boulardi*, que leva à formação de uma cápsula multicelular que envolve os objectos estranhos. Boulanger *et al.* (2001) estudaram as respostas imunitárias de *D. melanogaster* à infeção com parasitas flagelados *(Crithidia* spp.). Quando os flagelados foram injectados na hemolinfa, observou-se uma síntese reduzida de péptidos antimicrobianos, juntamente com a fagocitose dos parasitas pelos hemócitos circulantes.

Pech *et al.* (2000) estudaram a apoptose de células granulares induzida por plasmatócitos da traça, *Pseudoplusia includens.* A resposta imunitária primária contra parasitas internos e outros objectos estranhos de grandes dimensões que entram na hemocele dos insectos é o encapsulamento. GRs e PLs foram os dois tipos de hemócitos necessários para a formação da cápsula e os factores libertadores de PL espalhados que induziram a apoptose das células granulares. Russo *et al.* (2001) observaram a reação celular imune (cápsula) apenas com a combinação de estirpe resistente e estirpe avirulenta, enquanto estudavam as duas estirpes de *D. melanogaster* (resistente e suscetível) parasitadas por uma estirpe virulenta ou avirulenta da vespa parasitoide, *Leptopilina boulardi.* Apenas a estirpe virulenta provocou a produção de uma elevada percentagem de lamelócitos alterados, devido aos quais não se formou a cápsula no hospedeiro resistente parasitado pela estirpe virulenta.

2.3.2Formação de nódulos :

Esta resposta imunitária ocorre contra grandes doses de material particulado que invade a hemocele e que provavelmente não pode ser eliminado eficazmente apenas por fagocitose. Os nódulos ocorrem em artrópodes em resposta tanto a infecções naturais como a injecções experimentais de substâncias particuladas (Metechnikoff, 1884; Bucher, 1959; Salt, 1970). Foi registada a sua formação em torno de muitos tipos diferentes de bactérias (Metalnikov, 1908; 1924; 1927; Hollande, 1930; Cameron, 1934; Wittig, 1965; Hoffmann *et al,* 1974; Gagen e Ratcliffe, 1976), fungos (Speare, 1920; Ermin, 1939; Vey, 1968; Vey e Quiot, 1975; Vey e Fargues, 1977) e protozoários (Huger, 1960; Henry, 1967; Evans e Elias, 1970).

2.3.2.1 Fungos :

Vey e os seus colaboradores (Vey, 1968; Vey *et al.*, 1968, 1973; Vey e Vago, 1969; Vey e Quiot, 1975) fizeram experiências com larvas de *G. mellonella in vivo* e culturas de hemócitos de *G. mellonella* injectadas e inoculadas com *Aspergillus* spp. respetivamente e relataram que os nódulos eram formados apenas por PLs que envolviam esporos melanizantes para formar bainhas multicelulares. Yadava (2002) observou as reacções imunitárias mediadas por células em 5th fase larvar de *Ropalidia marginata* (Hymenoptera : Vaspidae) utilizando a solução de esporos *de Aspergillus niger* (1 x 10^5 esporos/ml em solução de Ringer) e concluiu que os GR em degeneração estavam envolvidos no processo de formação de nódulos e que estes eram posteriormente encapsulados por PLs.

2.3.2.2 Bactérias :

Bacillus cereus, Escherichia coli, Sarcina lutea e *Staphylococcus aureus,* vivos ou mortos, foram injectados em larvas de instar final de *G. mellonella* e *Pieris brassicae,* que foram mortas e dissecadas a intervalos de 1 minuto a 24 horas após a injeção. Os nódulos desenvolveram-se no espaço de 1-5 minutos em todos os insectos, exceto nos que foram injectados com *S'. aureus.* Em *G. mellonella, P. brassicae, T. moliter* e C. *extradentalus,* estavam presentes nódulos bem desenvolvidos na hemocele 5 minutos após a injeção de bactérias (Gagen e Ratcliffe, 1976).

Gagen e Ratcliffe (1976) referiram que se formaram nódulos quando *B. cereus* e *E. coli* vivas foram injectadas em larvas de *Galleria mellonella* e que um grande número de bactérias foi morto nos nódulos durante as primeiras 6 horas. No entanto, enquanto *a E. coli* permaneceu presa nos agregados celulares e não conseguiu matar as larvas, *a B. cereus* acabou por ultrapassar os mecanismos de defesa dos insectos e multiplicou-se na hemolinfa, causando uma especticemia letal (Ratcliffe e Gagen, 1977).

2.4 Imuno-depressão :

A imunodepressão é um conceito emergente de controlo de insectos. O controlo das pragas de insectos por imunodeficiência induzida artificialmente (AIID) é um conceito atrativo e promissor, porque é possível deprimir e prejudicar o sistema imunitário dos insectos para esse fim. O sistema imunitário de um inseto protege-o de antigénios estranhos, garantindo assim a sua sobrevivência. Qualquer comprometimento de suas defesas imunológicas ameaçará sua existência e até mesmo será letal (Gupta, 1994). O sucesso do efeito imunodepressor depende da capacidade de deprimir a resposta imunitária celular, como a formação de cápsulas e a destruição de imunócitos do hospedeiro, o que acaba por conduzir a um menor número destes.

2.4.1Vírus :

Observou-se uma supressão da capacidade de melanização da hemolinfa nas larvas injectadas com baculovírus ou bactérias. A infeção viral também provocou uma degradação de muitas proteínas da hemolinfa, incluindo as proteínas antibacterianas. A atividade da profenoloxidase foi prejudicada devido à infeção viral e bacteriana (Andersons *et al,* 1990). Jayachandran *et al.* (1999) estudaram as reacções celulares de *Spodoptera litura* infetada com um vírus da polidrose nuclear que envolvia a dinâmica dos hemócitos e verificaram que havia um declínio geral do THC em resposta a infecções por NPV. A identidade do tecido ou célula alvo do vírus que dá origem às anomalias hemocíticas observadas. As PL foram particularmente afectadas: algumas permaneceram fusiformes e outras assumiram uma morfologia bipolar. Depois espalharam-se e adoptaram uma morfologia fibroblástica caraterística que facilitou uma imunodepressão. Kalia *et al.* (2001) estudaram as alterações nos constituintes da hemolinfa do American Bollworm, *Helicoverpa armigera,* infetado com o NPV e verificaram que os hemócitos diferenciais apresentavam menos células granulares e mais células esferuliformes e prohemócitos nas larvas velhas. As PLs e GRs em larvas com 10 dias de idade fagocitaram inicialmente poliedros, que se desintegraram após 3 a 4 horas. A hemolinfa das larvas tratadas com NPV melanizou lentamente, particularmente nas larvas velhas, e a atividade da fenoloxidase (PO) diminuiu positivamente com GRs e OEs em larvas tratadas com 10 dias de idade, confirmando a imunodepressão.

2.4.2Parasitóides :

Existe uma grande variedade de formas através das quais os parasitóides escapam ao encapsulamento pelos hemócitos do hospedeiro (Salt, 1968a). A resistência de *Leptopilina heterotoma* contra o encapsulamento por *Drosophila melanogaster* foi extensivamente estudada por Walker (1959). Quando *D. melanogaster* é parasitada por um indivíduo resistente de *L. heterotoma,* a resposta normal do hospedeiro à infeção, ou seja, a preciosa diferenciação de PL em lamelócitos, é suprimida e o encapsulamento torna-se assim impossível. Nappi e Stream (1969) confirmaram as descobertas de que *L. heterotoma* suprime a formação de hemócitos encapsulantes ao inibir a formação de lamelócitos. Os hemócitos da larva de *Drosophila* foram alterados (Nappi e Silvers, 1984) ou destruídos após infestação por *L. heterotoma.* O fator responsável pela destruição dos hemócitos, chamado Lamellolysin, está presente na glândula de veneno (Rizki e Rizki, 1984b).

Os ovos de alguns parasitóides têm características superficiais que proporcionam proteção passiva contra o encapsulamento ou inibem o reconhecimento pelo hospedeiro (Salt, 1968b; Davies e Vinson, 1986; Fedderson *et al.,* 1986). Outros parasitóides inibem a resposta de encapsulamento através de factores que a vespa fêmea injecta durante a oviposição. Várias espécies de icneumonídeos e braconídeos também transportam poliedravírus (Stoltz *et al.,* 1984). A suspensão armazenada de poliedravírus e de proteínas é designada por fluido do cálice, que a vespa injecta no hospedeiro juntamente com o veneno durante a oviposição.

Campoletis sonorensis é um parasitoide habitual de larvas de *Heliothis virescens* de 3rd instar. Ovos de *C. sonorensis* e pequenos bastões de vidro foram encapsulados em 5 larvas hospedeiras deth instar implantadas na ausência de fluido de cálice de vespa. No prazo de 8 horas após a injeção do fluido do cálice, verificou-se uma remoção de cerca de 75% dos hemócitos formadores de cápsulas (PLs) em circulação. A subpopulação restante de PLs, para além de ser incapaz de encapsular alvos *in vivo,* espalhou-se a uma taxa significativamente reduzida *in vitro.* O aparecimento de anomalias hemocíticas ocorreu mais rapidamente após o parasitismo natural de larvas hospedeiras de 3rd instares. Estas anomalias induzidas nos plasmatócitos do hospedeiro pelo vírus *C. sonorensis* contribuem para a supressão da resposta imunitária (Davies *et al.,* 1987).

Nos icneumenídeos portadores de polihedravírus, o fluido do cálice ou o polihedravírus sozinho inibe o encapsulamento (Edson *et al.,* 1981; Davies *et al.,* 1987; Guzo e Stoltz, 1987), mas para alguns braconídeos portadores de polihedravírus, tanto o veneno quanto o fluido do cálice são necessários para alterar a resposta de encapsulamento (Kitano, 1982; Guzo e Stoltz, 1987).

O parasitismo pelo braconídeo *Microplitis demolitor* suprimiu a resposta de encapsulamento do seu hospedeiro, *Pseudoplusia includens.* Mais de 80% das PLs e GRs de *P. includens* foram incapazes de se espalhar *in vitro* 2 h após a oviposição por *M. demolitor* e a propagação das PLs permaneceu suprimida durante o desenvolvimento do parasitoide (Strand e Noda, 1991).

As VLPs purificadas do reservatório da glândula longa de *L. heterotoma* foram capazes de suprimir a resposta imunitária celular em *Drosophila* através da destruição de um tipo específico de hemócitos. Os lamelócitos das larvas do parasitoide *D. melanogaster* perdem a sua forma discoide e tornam-se bipolares. A alteração da morfologia celular está correlacionada com alterações na adesão celular. Os lamelócitos normais são células pegajosas que aderem e se aglomeram, ao passo que os lamelócitos alterados permanecem solitários (Rizki *et al.,* 1990; Rizki e Rizki, 1990; Rizki e Rizki, 1994).

O parasitoide Eucoilídeo, *Leptopilina boulardi,* é capaz de suprimir a reação imunitária do seu hospedeiro *Drosophila melanogaster.* As partículas semelhantes a vírus (VLPs) responsáveis pela capacidade imunossupressora foram investigadas em diferentes estirpes de *L. boulardi* com técnicas histoquímicas e ultra-estruturais, são conhecidas como poliedravírus (Dupas *et al,* 1996).

Guzo e Stoltz (1987) observaram uma morfologia fusiforme em larvas de traça-das-torres parasitadas, que também foi visualizada no estudo, e descobriram que tanto o fluido do cálice quanto o veneno eram necessários para inibir o encapsulamento.

Boulanger *et al.* (2001) estudaram a resposta imunitária de *D. melanogaster* à infeção com parasitas flagelados *(Crithidia* spp.) e observaram uma baixa síntese de péptidos antimicrobianos juntamente com a fagocitose de parasitas por hemócitos circulantes.

Duas estirpes de *Drosophila melanogaster* (resistente e suscetível) foram parasitadas por uma estirpe virulenta ou avirulenta da vespa parasitoide *Leptopilina boulardi.* Apenas a estirpe virulenta do parasitoide provocou a produção de uma elevada percentagem de lamelócitos alterados (de uma forma discordante para uma forma bipolar). A alternância da forma dos lamelócitos sugere uma das razões da supressão da resposta imunitária, *ou seja, o* encapsulamento. Por último, há muito poucos lamelócitos alterados em hospedeiros resistentes ou susceptíveis parasitados pela estirpe avirulenta do parasitoide, duas combinações em que não se formou qualquer cápsula (Russo *et al.,* 2001).

2.5 Fungos entomopatogénicos no controlo de pragas :

Mais de 750 espécies de fungos, na sua maioria Hyphomycetes (Deuteromycotina) e Entomophthorales (Zygomycotina), de cerca de 100 géneros, são patogénicas para os insectos (Rombach *et al.,* 1987). Muitas espécies de Hyphomycetes têm uma vasta gama de hospedeiros e são patogénicas para diferentes ordens de insectos (Zimmermann, 1993). São potencialmente os agentes de controlo biológico mais versáteis, porque têm uma vasta gama de hospedeiros, infectam em diferentes idades e fases dos seus hospedeiros e causam frequentemente epizootias naturais. O entomopatógeno mais conhecido deste grupo é o fungo da muscardina branca, *B. bassiana,* que tem grande potencial no controlo biológico de pragas (Pingel e Lewis, 1996; Haraprasad *et al.,* 2001).

2.5.1O fungo da muscardina branca, *B. bassiana :*

A muscardina branca foi a primeira doença infecciosa em insectos causada por um fungo, conforme relatado por Agastino Bassi em 1835. Em 1935, Bassi de Lodi demonstrou a natureza contagiosa e patogénica do fungo que infecta o bicho-da-seda, *Bombyx mori* L. (Anisworth, 1956). Balsamo (1835) descreveu e designou o fungo *Botrytis (= Beauveria) bassiana.* O género *Beauveria* foi estabelecido em 1912 por Vuillemin (1912) e descreveu *bassiana* como espécie tipo. A identificação preliminar da infeção por *B. bassiana* pode ser reconhecida pela mumificação e pela transformação de cadáveres micosados em esporulação branca cotonosa (Macleod, 1954). *Beauveria bassiana* ocorre em todo o mundo e ataca mais de 200 espécies de insectos em nove ordens, principalmente Lepidoptera e Coleoptera (Li, 1980; Li, 1987). Várias investigações analisaram a taxa de *B. bassiana* no controlo de pragas das culturas (Ferron, 1977, 1981, 1985; Burges, 1981; Rombach *et al,* 1988; Bradley *et al.,* 1992; Xu, 1992; Feng *et al.,* 1994; Brinkman e Fuller, 1999; Butt *et al,* 1999; Ambethgar, 2001).

2.5.2. Modo de infeção de *B. bassiana* :

O propágulo infecioso nas infecções naturais por Deuteromycetous, incluindo *B. bassiana,* é o condidiósporo, que invade os insetos através do tegumento. O desenvolvimento da mieose envolve uma série de eventos sistemáticos, *a saber:* (1) adesão e germinação do esporo na cutícula do inseto, (2) penetração na hemocele e (3) desenvolvimento do fungo, que resulta na morte do inseto (McCoy *et al.,* 1988). A penetração cuticular é tanto uma ação mecânica como enzimática (Gabriel, 1968; Samsinakova *et al.,* 1971; McCoy *et al.,* 1988; Bidochka e Khachatourians, 1990, 1991; Charnley e St. Leger, 1991). O desenvolvimento do fungo depois de invadir a hemocele faz-se por brotamento, que produz uma rede de hifas vegetativas (Pekrul e Grula, 1979; Butt, 1987). As hifas invasoras consomem o conteúdo da hemolinfa para o seu crescimento e metamorfose (Boucias e Latge, 1988). Quando o conteúdo da hemolinfa se esgota, o inseto torna-se morbundo e a esporulação ocorre após a morte do inseto (Ambethgar, 2001).

2.5.3. Ocorrência de *B. bassiana* em pragas do arroz:

O fungo *B. bassiana* causa epizootias devastadoras numa vasta gama de insectos do arroz em diferentes países. As pragas de insectos que se diz serem susceptíveis a este promissor agente patogénico, tanto no ecossistema natural (campo) como em estudos experimentais, são enumeradas no apêndice I. Na Índia, *a B. bassiana* infecta vários insectos lepidópteros do arroz, incluindo a broca do caule do arroz, *Scirpophaga incertulus* (Mathure *et al.,* 1966; Srivastava e Mathur, 1970; Rao, 1975; Yadava *et al.,* 1979), o saltador do arroz, *Parnara mathias* (Nayak *et al.,* 1978) e a folhagem do arroz (Rao, 1975; Rama Mohan Rao, 1989; Ambethgar, 1997, 2002). Atualmente, está a ser demonstrado interesse na sua produção em grande escala para utilização contra várias pragas das culturas (Lingappa e Patil, 2002). O fungo *B. bassiana* é relativamente simples de produzir em massa em meios sólidos. É seguro para os seres humanos e para os organismos benéficos (Rombach *et al.,* 1994). Por conseguinte, este agente patogénico é o principal candidato para a experimentação do controlo biológico das pragas do arroz.

Capítulo 3

MATERIAIS E MÉTODOS

As presentes investigações foram efectuadas com o objetivo de estudar os efeitos imunodepressivos de *Beauveria bassiana* Vuill. na hispa do arroz, *Dicladispa armigera* Bals. Olivier (Coleoptera : Chrysomelidae). A experiência foi realizada de junho a setembro no Laboratório de Fisiologia de Insectos, Departamento de Entomologia, Universidade Agrícola de Assam, Jorhat. Os materiais necessários e a metodologia seguida foram descritos neste capítulo.

3.1 Coleção de hispa de arroz :

Em junho de 2002 e 2003, foi recolhido um grande número de adultos de *D. armigera* varrendo com uma rede de recolha (25 cm de diâmetro e 75 cm de comprimento) os campos de arroz infestados de Sibsagar, Assam. Esses adultos recolhidos foram imediatamente transferidos para frascos de plástico (10 cm x 10 cm x 20 cm) com tampas perfuradas para serem transportados para o laboratório para vários estudos. Estes adultos foram utilizados para manter uma cultura de laboratório com plântulas de arroz frescas cultivadas em vasos de terra.

3.2 Criação em laboratório :

Seguindo o método de Deka e Hazarika (1995), foi mantida uma cultura no laboratório. Foram cultivadas plântulas jovens e frescas de arroz, uma em cada vaso de plástico (15 cm de diâmetro). Cada plântula foi então coberta separadamente por uma câmara de oviposição, feita com duas chaminés de lanterna de tamanho normal, colocadas uma em cima da outra e fixadas com fita adesiva. A extremidade superior da câmara foi coberta com uma rede de nylon e um elástico. Em cada câmara de oviposição foi libertado um par de *D. armigera* recentemente acasalado. As plantas hospedeiras foram aspergidas com água diariamente e, se necessário, substituídas por uma nova.

3.3 Determinação da contagem total de hemócitos (THC) :

Os THC foram determinados por procedimento padrão com hemocitómetro. Cortou-se a ponta das antenas ou das patas dianteiras com uma tesoura de ponta fina e deixou-se escorrer três ou quatro gotas de sangue para uma lâmina de vidro transparente. Uma porção do sangue foi rapidamente introduzida na pipeta de Thoma para glóbulos brancos, na marca 0,5, sendo o sangue diluído até à marca 11 com soro fisiológico. A pipeta foi então agitada vigorosamente durante 2 a 3 minutos e o hemocitómetro de linha dupla Levy, com regulação Neubauer melhorada, foi enchido com esta hemolinfa misturada com soro fisiológico, rejeitando a primeira gota (Rosenberger e Jones, 1960). As células sanguíneas foram contadas nas quatro câmaras de canto (quadrado de 1 mm). O THC/mm^3 foi determinado pela seguinte fórmula de Jones (1962):

$$THC/mm^3 = \frac{\text{Total no. of haemocytes counted in four corner chambers x Depth of chambers x Dilution factor (20)}}{\text{No. of chambers counted } (\textit{i.e.}\ 4)}$$

Desta forma, foram determinados THCs em 10 adultos.

3.4 Determinação da contagem diferencial de hemócitos (DHC) :

No presente estudo, foram seguidos dois métodos para a determinação de DHCs, a preparação de esfregaços de hemolinfa (Arnold e Hinks, 1979; George e Ambrose, 1998) e a preparação de gotas suspensas (Gupta, 1979).

3.4.1Preparação do esfregaço de hemolinfa :

A hemolinfa escorrida das extremidades cortadas das antenas ou da pata dianteira foi espalhada numa lâmina limpa e isenta de gordura, tendo sido preparado um esfregaço líquido com outra lâmina e fixado em metanol a 100%. O esfregaço foi corado com solução de Giemsa a 4% e deixado secar ao ar. As lâminas demasiado coradas foram descolmatadas mergulhando-as suavemente em água destilada.

As preparações foram observadas ao microscópio composto (400 x, lOOOx) e os hemócitos foram medidos com o micrómetro ocular e as leituras foram convertidas em microns. Os hemócitos foram classificados com base em chaves de identificação (Gupta, 1985a) e as DHC foram expressas em percentagem. A alteração numérica de um determinado tipo de células foi expressa em percentagem através da contagem das células presentes numa área de um centímetro quadrado em diferentes partes do esfregaço, utilizando a fórmula n/T x 100, em que n é o número de um determinado tipo de células e T é o número total de células por unidade de área (1 cm^2) (Begum e Gohain, 1990).

Plate 1(a) Photograph showing two rice hispa adults on a rice leaf

Plate 1(b) Experimental set up for assaying of *B. bassiana* against rice hispa

Plate 1(c) Mass rearing of rice hispa

3.4.2Preparação da gota suspensa :

Aplicar uma fina camada de vaselina em torno da circunferência de uma lamela redonda com a ajuda de um pincel fino de pelo de camelo, sobre a qual se colocou uma pequena gota de ácido salino-acético no centro. Cortar a ponta das antenas ou das patas dianteiras e deixar escorrer uma gota de hemolinfa para a gota de ácido salino-acético. Virar a lamela ao contrário e colocá-la sobre a depressão de uma lâmina de cavidade. As preparações foram examinadas ao microscópio de luz (400x, lOOOx). De entre as cem células, cada tipo de hemócito foi identificado e contado para determinar a DHC, tal como descrito anteriormente. O tamanho dos diferentes tipos de células foi também determinado com o micrómetro ocular, seguindo as chaves de identificação de Gupta (1979).

3.5 Produção em massa de *Beauveria bassiana* :

B. bassiana foi cultivada usando três produtos de resíduos, casca de arroz (RH), farelo de arroz e pó de serra (SD) foram tomados individualmente na proporção de 75: 25: 100 (Puzari *et al.,* 1994; Mazumdar *et al.,* 1995) Cinqüenta gramas de cada uma das combinações foram misturadas com 2% de dextrose em 70 ml de água bidestilada, que foram colocados em frascos cônicos de 100 ml (Erlenmeyer) e esterilizados por autoclavagem a 121°C e 1,05 kg/cm^2 pressão. Este meio levou 24 dias para produzir 39,33 x 10^7 conídios/ml de água.

3.5.1Preparação da suspensão conidial :

O crescimento fúngico foi medido em termos de densidade conidial (conídios/ml de água). Foi preparada uma suspensão conidial homogénea do crescimento fúngico obtido de cada meio em 70 ml de água, misturando durante 20 minutos num rotor (Remimotors, Remi Udyog, Bombaim). O homogenato foi filtrado primeiro através de uma camada de tecido de musselina e depois através de um papel de filtro (Whatman n.º 1). Os conídios foram contados a partir do filtrado num hemocitómetro e foi calculada a contagem média de 20 amostras. A concentração de conídios foi mantida a 1 x 10^7 conídios/ml de água.

3.5.2Tratamento de adultos com B. bassiana :

Com a ajuda de um atomizador, a suspensão conidial foi pulverizada sobre as plântulas de arroz a 1 ml de suspensão conidial/ 9 ml de água destilada, na qual foram libertados os adultos de hispa do arroz. No controlo, foi utilizada água misturada com Tween 80. Cada tratamento foi repetido três vezes. O THC, o DHC e outros parâmetros foram registados às 0 h, 6 h, 24 h, 48 h, 72 h, 96 h e 120 h após o tratamento durante junho-setembro de 2003. Da mesma forma, as alterações na morfologia dos hemócitos também foram observadas ao microscópio de luz (400X, 1000X) durante 0 h a 120 h.

O comportamento dos hemócitos, incluindo a formação de cápsulas e nódulos, também foi examinado ao microscópio.

3.5.3Crescimento de fungos na superfície externa do corpo :

Os insectos mortos, tanto no tratamento como no controlo, foram incubados a 25^0 C numa incubadora BOD para o crescimento do fungo muscardina branca.

3.6 Análise estatística :

3.6.1Teste de significância para a análise de dados em condições de tratamento :

Os dados foram analisados estatisticamente para determinar a importância dos resultados obtidos durante as experiências em condições de tratamento. Seguiu-se o teste 't' emparelhado, em que os tamanhos das duas amostras eram iguais, ou seja, 'n' e os dados foram emparelhados. Os dados foram interpretados ao nível de 5% de probabilidade (P>0,05). O valor de tabela de 't' ao nível de 0,05 é 2,571.

O "t" foi dado por-

$$t = = \frac{\bar{X}-\bar{Y}}{\sqrt{S2\left(\frac{1}{n1}+\frac{1}{n2}\right)}}$$

Onde,

$\bar{X}$ *é a* média *amostral* da 1ª população

e $\bar{Y}$ é a média amostral da 2ª população

S^2 é o desvio padrão que é dado por

$$S^2 = \frac{(n_1-1)S_1{}^2 + (n_2-1)\,S_2{}^2}{(n_1 + n_2 - 2)}$$

Onde,

$$S_1{}^2 = \frac{1}{n-1}\sum(Xi - \bar{X})^2$$

$$S_2{}^2 = \frac{1}{n-1}\sum(Yi - \bar{Y})^2$$

n_1 é a dimensão da amostra da 1ª população

n_2 é a dimensão da amostra da 2ª população

3.6.2Erro padrão :

Para calcular o erro padrão (SE) da média da amostra, foi utilizada a seguinte fórmula.

$$S.E.(\bar{X}) = \frac{S.D}{\sqrt{n}}$$

Onde, S.E. = Erro padrão

S.D. = Desvio padrão

N = Número total de amostras

$$S.D. = \sqrt{\frac{\Sigma(Xi - \bar{X})^2}{N}}$$

Onde, S.D. = Desvio padrão

N = Número total de amostras

X_i = Pontuação bruta , $\bar{X}$ = Média

Capítulo 4

RESULTADOS EXPERIMENTAIS

A presente investigação foi levada a cabo para compreender certos aspectos do efeito imuno-depressivo de *Beauveria bassiana* em *Dicladispa armigera.* Os resultados da investigação são apresentados neste capítulo.

4.1 Efeito na contagem total de hemócitos em hispa de arroz adulta em resposta ao tratamento com *B. bassiana* :

T HC de uma hispa do arroz adulta variou entre 5055 e 5950/mm^3 Não houve diferença significativa entre indivíduos de várias faixas etárias, que, no entanto, foram afetados por *B. bassiana* (Tabela 1). A 0 HAT, não houve diferença no THC entre o inseto tratado e o não tratado; no entanto, houve uma redução significativa no THC no inseto tratado a 6 HAT. Quando comparado, não foi observada diferença significativa no THC entre 0, 6, 24 e 48 HAT. Aos 72 HAT, reduziu-se significativamente. Foi observada uma tendência semelhante, sendo o valor mais baixo (1365±88,21) aos 120 HAT.

4.2 Efeito da contagem diferencial de hemócitos na hispa do arroz adulta em resposta ao tratamento com *B. bassiana* :

Da mesma forma, a Tabela 2 e a Tabela 3 mostram a DHC da hispa de arroz adulta normal e tratada. A seguir, são apresentados os efeitos resultantes em cada tipo de hemócitos em resposta à aplicação de *B. bassiana.* Em uma hispa de arroz adulta e saudável, PR, PL, GR e SP foram identificados como tipos morfologicamente distintos, representando 3,69-4,41%, 35,03-37,31%, 53,66-54,20% e 4,29-6,91%, respetivamente, que, no entanto, não diferiram em adultos de diferentes grupos etários, seguindo a chave de Gupta (1987) em 400x e lOOOx de preparações de gotas suspensas vivas.

4.2.1Efeito dos prohaemocytes (PRs) :

Embora a 0 HAT, a RP não diferisse entre o controlo e o inseto tratado, mas a 6 HAT, foi significativamente reduzida e a 24 HAT, as RP não foram de todo observadas.

Table 1. Total haemocyte count in adult *D. armigera* in response to *B. bassiana*

Post-treatment period (hour)	THCs/mm^3 (Mean±SE)		
	Control (water spray)	Treated (with *B. bassiana*)	t-value
0	5385±106.99^a	5050±276.79^a	1.41^{NS}
6	5055±166.74^a	4360±139.60^b	2.95*
24	5470±248.24^a	3945±186.11^b	4.80**
48	5335±370.36^a	3405±127.25^b	5.05**
72	5685±212.79^a	2335±132.09^c	13.80**
96	5410±169.12^a	1595±76.90^d	22.89**
120	5950±133.33^a	1365±88.21^d	30.53**

SE = Standard error
Sample size = 10
Figures followed by the same letter shown in subscript(s) within the column are not significantly different

Table 2. Mean±SE (%) of differential counts of PR and PL of control with *B. bassiana* treated adult *D. armigera* in various post-treatment period

Post-treatment period (hour)	PR		PL	
	Control	Treated	Control	Treated
0	4.41±0.10^a	4.05±0.08^a	35.03±0.15^a	34.74±0.17^d
6	3.75±0.12^a	2.52±0.21^b	36.04±0.17^a	36.43±0.15^c
24	3.69±0.10^a	0.00±0.00^c	36.42±0.10^a	37.74±0.15^b
48	3.88±0.08^a	0.00±0.00^c	36.82±0.10^a	38.22±0.09^a
72	3.97±0.06^a	0.00±0.00^c	36.90±0.15^a	37.21±0.13^b
96	4.07±0.10$_a$	0.00±0.00^c	37.31±0.13^a	36.67±0.09^c
120	4.46±0.13^a	0.00±0.00^c	36.69±0.09^a	36.05±0.16^c

SE = Standard error
Sample size = 10
Figures followed by the same letter shown in subscript(s) within column are not significantly different

Table 3. Mean±SE (%) of differential counts of GR and SP of control with *B. bassiana* treated adult *D. armigera* in various post-treatment period

Post-treatment period (hour)	PR		PL	
	Control	Treated	Control	Treated
0	53.66 ± 0.16^{a}	53.66 ± 0.14^{c}	6.91 ± 0.22^{a}	7.56 ± 0.31^{a}
6	54.20 ± 0.07^{a}	54.44 ± 0.12^{c}	6.01 ± 0.26^{a}	6.61 ± 0.21^{a}
24	54.45 ± 0.10^{a}	56.76 ± 0.16^{b}	5.44 ± 0.12^{a}	5.50 ± 0.24^{b}
48	54.63 ± 0.11^{a}	56.93 ± 0.15^{b}	4.68 ± 0.20^{a}	4.85 ± 0.15^{c}
72	54.85 ± 0.13^{a}	59.12 ± 0.18^{a}	4.29 ± 0.12^{a}	3.67 ± 0.12^{d}
96	54.00 ± 0.28^{a}	59.78 ± 0.11^{a}	4.63 ± 0.16^{a}	3.55 ± 0.11^{d}
120	53.99 ± 0.30^{a}	61.08 ± 0.20^{a}	4.86 ± 0.16^{a}	2.88 ± 0.11^{e}

SE = Standard error
Sample size = 10
Figures followed by the same letter shown in subscript(s) within column are not significantly different

4.2.2. Efeito dos plasmatócitos (PLs) :

Após o tratamento, registou-se um aumento significativo na contagem diferencial de PL até 48 horas, para além das quais se reduziu significativamente. Curiosamente, não houve diferença (Quadro 2) na contagem de PL entre o tratado e o controlo em diferentes horas de tratamento, exceto às 48 HAT.

4.2.3. Efeito dos granulócitos (GRs) :

Não houve diferença significativa no nível de GR no inseto de controlo em diferentes períodos de tempo; em contraste, houve um aumento gradual na contagem de GR no inseto tratado, sendo o mais elevado a 120 HAT (Quadro 3).

4.2.4. Efeito nos esferulócitos :

A diferença entre o inseto de controlo e o tratado no nível de SP foi significativa às 72 HAT, sendo o número menor nos tratados. A queda no nível de esferulócitos não foi significativa das 72 às 96 horas e depois houve uma redução significativa às 120 horas (Tabela 3).

4.3 Características morfológicas dos hemócitos :

As características morfológicas de cada tipo são apresentadas no quadro 4 e os tipos PR, PL, GR e SP são descritos a seguir.

4.3.1. Prohaemocyte (PR) :

Uma PR era de forma oval, medindo 7,15±0,40 x 6,82±0,22 um de tamanho com um núcleo quase redondo, sendo 5,28±0,01x4,73±0,11 um de tamanho (Tabela 4). A membrana celular era lisa e o citoplasma não continha grânulos. O citoplasma e o núcleo apresentavam coloração violeta-clara e violeta-escura, respetivamente, na coloração de Giemsa [Fig. 1(a), Placa 2(a)].

4.3.2. Plasmatócitos (PLs) :

As PLs eram células grandes em forma de fuso (14,85±0,19 x 8,03±0,11 um) ou fusiformes (13,75±0,29 x 7,37±0,29 um) com núcleos redondos (8,03±0,11 x 7,81±0,11 μm) e ovoides (8,25±0,19 * 7,37±0,11 μm) (tabela 4), que eram cêntricos ou excêntricos. O citoplasma e o núcleo reagiram diferencialmente à coloração de Giemsa, produzindo luz

Table 4. Morphometety of normal haemocytes in adult *D. armigera*

Type of haemocyte	Shape		Size (μm)		Reaction to Geimsa stain	
	Cell	Nucleus	Cell	Nucleus	Cell	Nucleus
Prohaemocyte	i) Oval	i) Round	i) 7.15±0.40 × 6.82±0.22	i) 5.28±0.01 × 4.73±0.11	Light violet	Deep violet
Plasmatocyte	i) Spindle-shaped	i) Round	i) 14.85±0.19 × 8.03±0.11	i) 8.03±0.11 × 7.81±0.11	do	do
	ii) Fusiform	ii) Ovoid	ii) 13.75±0.29 × 7.37±0.29	ii) 8.25±0.19 × 7.37±0.11	do	do
Granulocyte	i) Almost round	i) Round	i) 9.57±0.19 × 9.35±0.11	i) 6.71±0.11 × 6.60±0.19	do	do
	ii) Ovoid	ii) Ovoid	ii) 9.57±0.19 × 7.48±0.44	ii) 6.71±0.11 × 5.94±0.19	do	do
Spherulocyte	i) Spherical	i) Round	i) 15.95±0.29 × 13.42±0.22	i) 8.03±0.11 × 7.69±0.11	do	do
	ii) Ovoid	ii) Ovoid	ii) 15.51±0.19 × 10.78±0.58	ii) 8.25±0.19 × 6.71±0.11	do	do

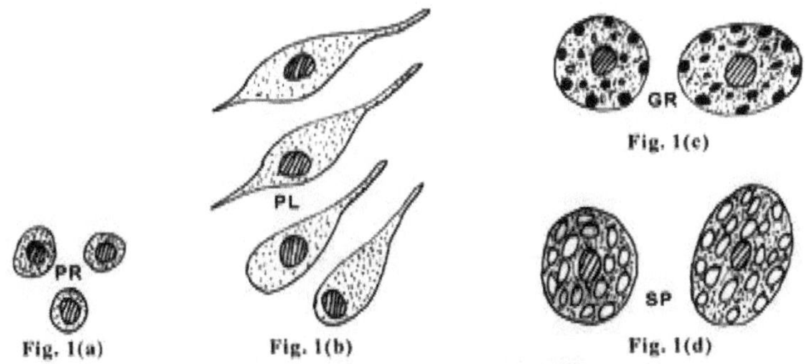

Fig. 1. Haemocytes at 0 HAT

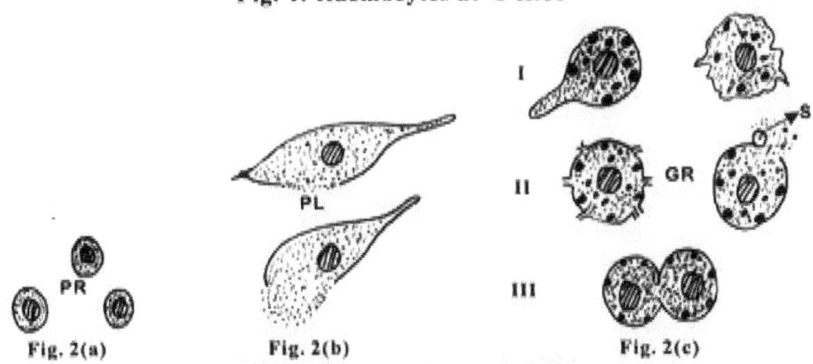

Fig. 2. Haemocytes at 6 HAT

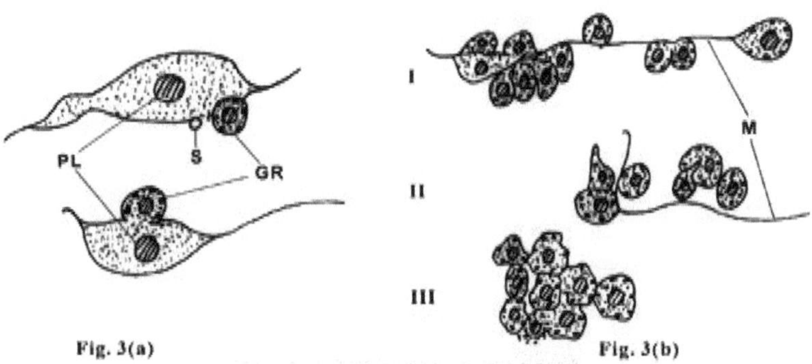

Fig. 3. Haemocytes at 24 HAT

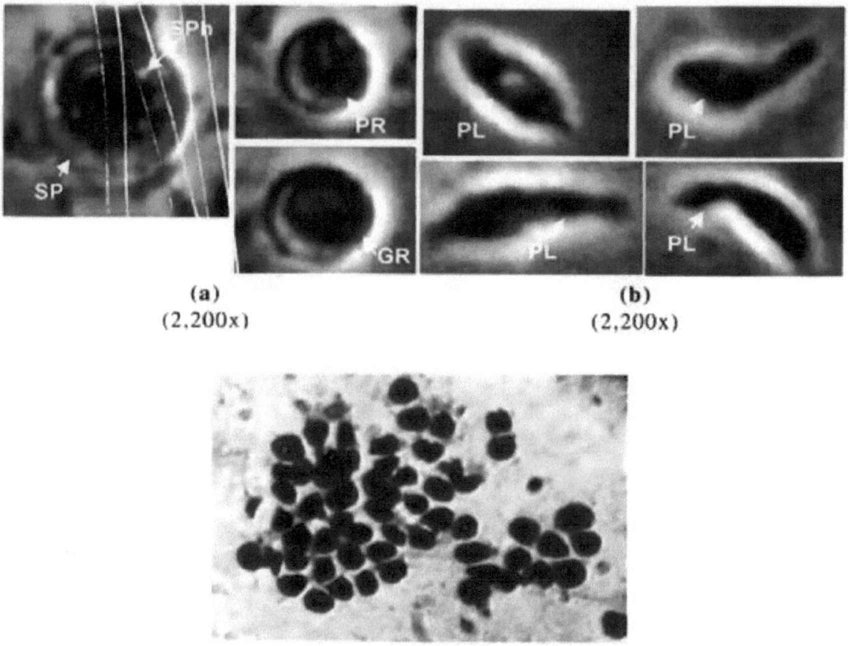

(a) (2,200x)

(b) (2,200x)

(c) (1,000x)

Plate 2. Haemocytes of *D. armigera* adults
(SP : Spherulocyte; SPh : Spherule; GR : Granulocyte; PR : Prohaemocyte; PL : Plasmatocyte)

violeta e violeta profundo, respetivamente [Fig-1(b); Placa 2(b), 2(c)]; apenas alguns grânulos estavam presentes no primeiro.

4.3.3. Granulócitos (GRs) :

Os GRs eram quase redondos (9,57±0,19 x 9,35±0,11 µm) ou ovoides (9,57±0,19 x 7,48±0,44 µm) com núcleos redondos (6,71±0,11 *6,60±0,19 µm) e ovoides (6,71±0,11 x 5,94±0,19 µm) (tabela 4).

Os granulócitos eram estáveis e continham numerosos grânulos densos e vacúolos no citoplasma [Fig. 1(c); Placa 2(a), 2(c)]. Tal como nos PRs e PLs, o citoplasma e o núcleo produziram uma coloração semelhante ao reagir com a coloração de Giemsa.

4.3.4Esferulócitos (SPs) :

Os SPs eram esféricos (15,95±0,29 xi3,42±0,22 µm) ou ovóides (15,51±0,19 xl0,78±0,58 µm) em forma com núcleos quase redondos (8,03*0,11 *7,69±0,11 µm) e ovóides (8,25±0,19 x 6,71±0,11 µm) (Tabela 4) . O citoplasma e o núcleo apareceram como violeta claro e violeta profundo, respetivamente, na reação de coloração com os corantes de Giemsa. As células são maiores do que os granulócitos, mostrando esférulas transparentes intracitoplasmáticas características [Fig. 1 (d), Placa 2 (a), 2 (c)].

4.4 Alterações morfológicas nos hemócitos em resposta ao tratamento com *B. bassiana* :

As alterações morfométricas pós-tratamento dos hemócitos em resposta a *B. bassiana* em diferentes horas são apresentadas na Tabela 5.

4.4.1. Alterações a 0 HAT :

Os hemócitos mantiveram a sua forma e tamanho originais imediatamente após o tratamento (0 horas) sem sofrerem qualquer alteração [Fig. 1(a-d), Placa 2(a-c)].

4.4.2Alterações a 6 HAT :

Após 6 horas de tratamento, verificou-se uma alteração significativa na forma e no tamanho da PL e da GR, mas não da PR e da SP [Fig. 2(a-d)]. O alargamento da PL foi seguido pela rutura do plasma

Table 5. Size of the clump of adult *D. armigera* caused by *B. bassiana* during different hours after treatment (HAT)

HAT	Shape	Size (µm) (length × width) (Mean±SE)	Reaction to Geimsa stain
6	i. Clump	16.83±0.19 × 13.42±0.22	Deep violet
	ii. Fragments	7.26±0.38 × 5.61±0.19	Light violet
24	i. Clump	25.08±1.01 × 19.14±1.37	Deep violet
	ii. Fragments	14.30±0.58 × 9.79±0.11	Light violet
48	i. Clump	41.58±1.01 × 24.86±0.96	Deep violet
	ii. Fragments	5.28±0.19 × 1.65±0.19	Colourless
72	Clump	51.26±0.96 × 24.86±0.96	Deep violet
96	Clump	63.14±1.44 × 26.40±1.91	Deep violet
120	Clump	77.66±2.59 × 32.56±1.54	Deep violet

SE = Standard error , Sample size = 5

A membrana plasmática foi desintegrada num ponto, resultando no extravasamento do citoplasma [Fig. 2(b)]. No caso de GRs, foram observados três tipos de alterações, nomeadamente (i) formação de uma extensão citoplasmática da membrana plasmática semelhante a um pseudópode [placa 3(b)], (ii) desintegração da membrana plasmática e extravasamento do conteúdo celular e [placa 3(a)] (iii) aglomeração de duas células [Fig. 2(c), placa 3(c- d)]. Nas alterações do tipo II, foram observadas algumas estruturas semelhantes a esporos fixadas à membrana plasmática. O aglomerado de duas células degranuladas tinha um tamanho de (16,83±0,19 * 13,42±0,22 μm) [Fig. 2(c), Placa 3(c), 3(d)] que apareceu como violeta profundo na coloração de Giemsa. Além disso, alguns pequenos fragmentos medindo (7,26 ± 0,38 x 5,61 ± 0,19 μm) foram formados a partir das células desintegradas. Os SPs, por outro lado, permaneceram aderidos ao aglomerado sem sofrer qualquer alteração.

4.4.3. Alterações às 24 HAT :

Após 24 horas de tratamento, foram observados micélios, em torno dos quais os GRs degranulantes estendiam fios citoplasmáticos longos e rectos; os PLs e SPs uniram-se a eles para formar um aglomerado [Fig. 3(b), Placa 4(a), 4(b), 4(c), 4(d) e 4(e)]. O tamanho do aglomerado (25,08±1,01 x 19,14±1,37 μm) aumentou significativamente em comparação com o anterior, *ou seja,* 6 HAT e coloração violeta profunda na coloração de Giemsa. Além disso, foram produzidos fragmentos de 14,30±0,58 x 9,79±0,11 μm a partir das células desintegradas, que se tornaram violetas e violetas claras na coloração de Giemsa.

4.4.4Alterações às 48 HAT :

Num grupo, os GR produziram algumas estruturas típicas semelhantes a fios às 48 HAT, que se juntaram a estruturas semelhantes de outros granulócitos, dando uma aparência de rede de filamentos [placa 5(a), 5(b)]. Para além da forma de aglomerados, os GR produziram alongamentos filopodiais monopolares, bipolares e multipolares [Fig. 4(a-c)]. Foram observados alguns materiais granulares mais finos a sair das células desintegradas [Fig. 4(b)]. O aglomerado de hemócitos (41,58±1,01 x 28,46±0,96 μm) era maior do que às 24 HAT, apresentando uma coloração violeta profunda na coloração de Giemsa. Além disso, as células desintegradas produziram

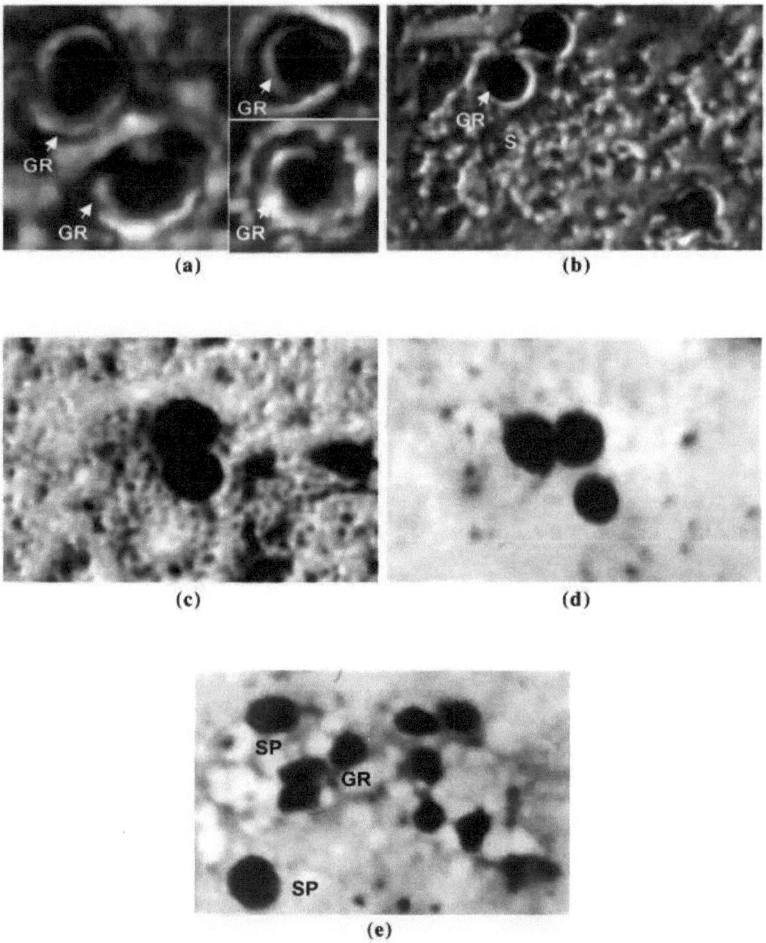

Plate 3. Response of haemocytes to *B. bassiana* infection at 6 HAT

a) Disintegration of granulocyte and oozing out of cell content (2,200x); b) Fine pseudopod formation(800x); c) and d) Clumping of granulocyte (1,000x); e) Morphological alteration of granulocyte (1,000x)

(SP : Spherulocyte; S : Spore; GR : Granulocyte)

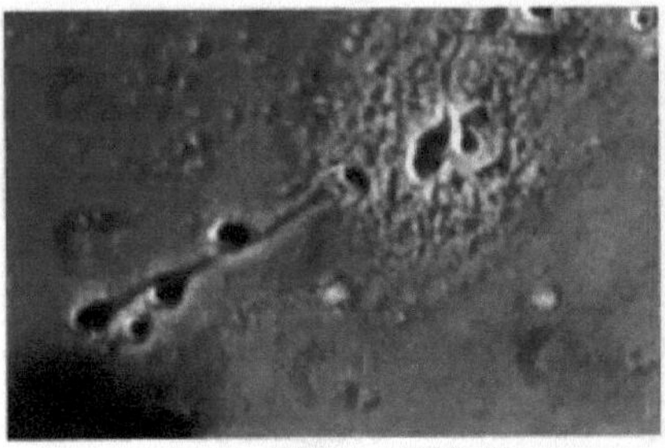

(a)

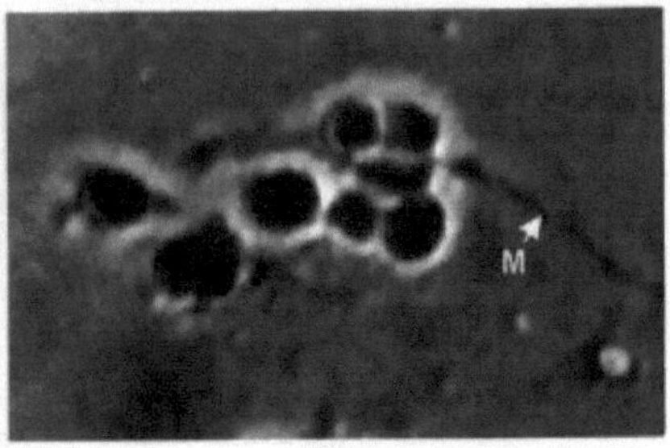

(b)

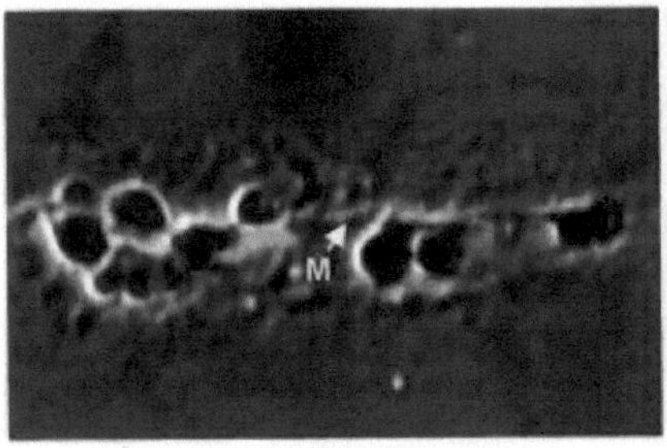

(c)

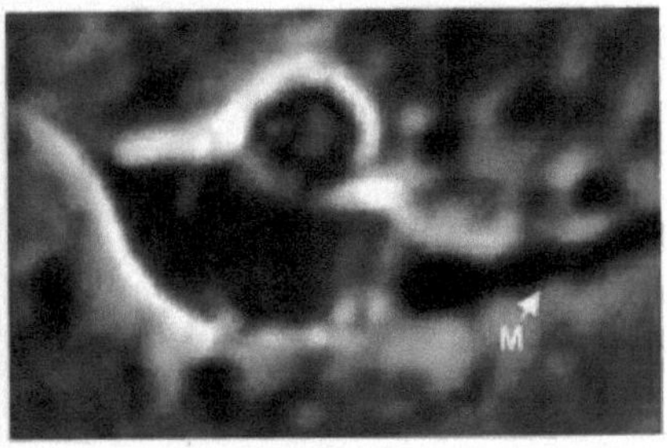

(d)

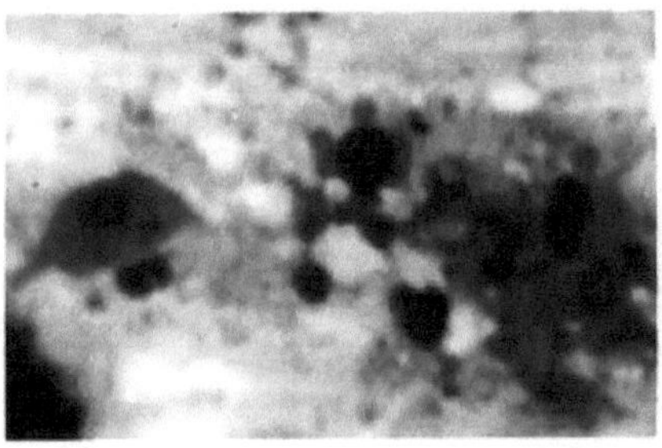

(e)

Plate 4. Response of haemocytes to *B. bassiana* infection at 24 HAT

(a) Phagocytosis by producing pseudopodial cytoplasmic extensions around mycelial (M) strand (800x); (b) Clumping of GRs around mycelial strand (800x); (c) Capsule formation by GRs (800x); (d) Attachment of PL and GR to a mycelial strand (1,000x); (e) Disintegration of GRs, PLs (800x)

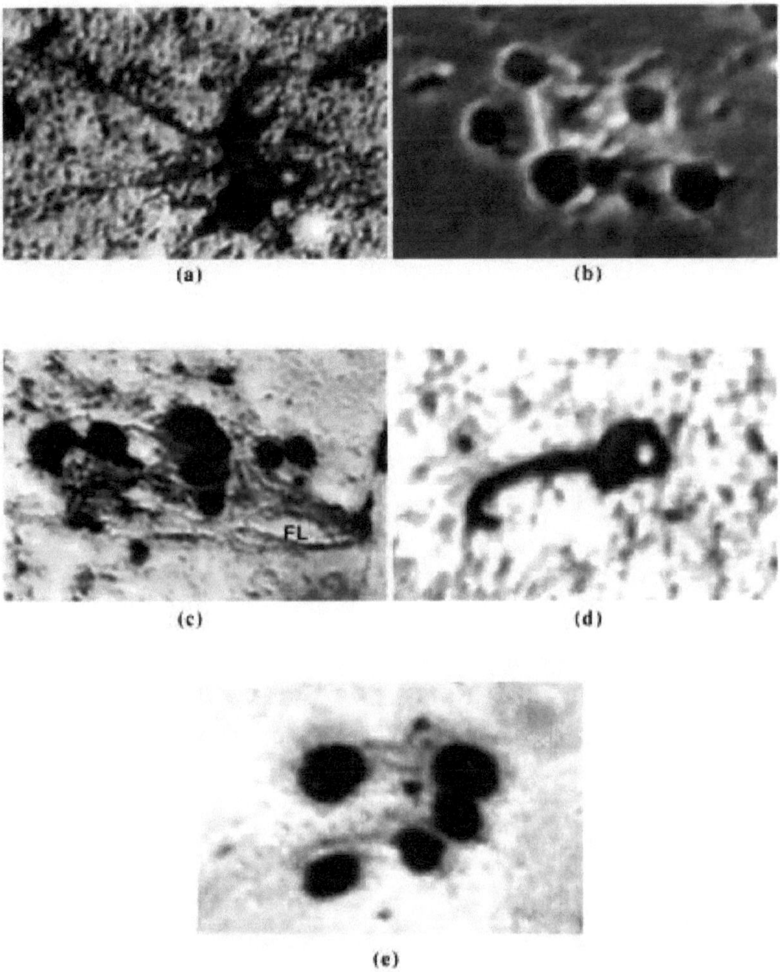

Plate 5. Response of haemocytes to *B. bassiana* infection at 48 HAT
(a) Filopodial elongation of the GRs as multipolar (800x); (b) Typical thread like extensions of GRs entrapping the fungal mycelium (800x); (c) Flocculent materials produced by GRs to which the PL and other GR cohered 800x); (d) Filopodial elongation of GR as monopolar (800x); (e) SPs and GRs cohered around the fungal mycelium (800x) (FL : Flocculent material)

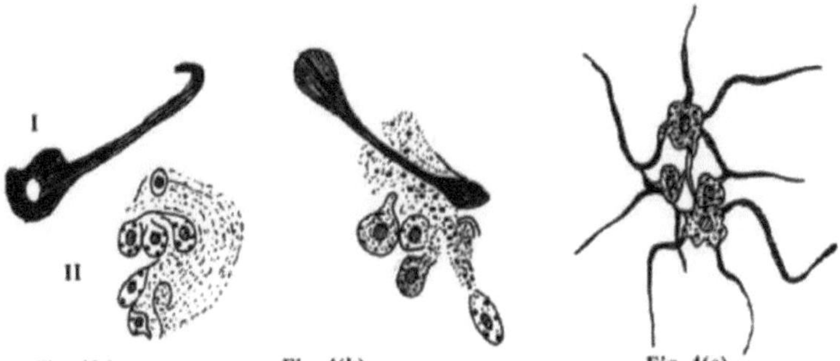

Fig. 4(a) Fig. 4(b) Fig. 4(c)

Fig. 4. Haemocytes at 48 HAT

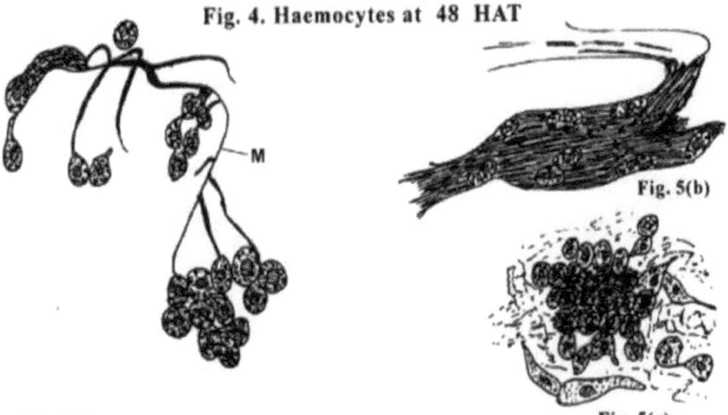

Fig. 5(a) Fig. 5(c)

Fig. 5. Haemocytes at 72 HAT

Fig. 6. Haemocytes at 96 HAT

Fig. 7. Haemocytes at 120 HAT

materiais floculentos [Fig. 4(a-II)]. Além disso, foram observados muitos pequenos fragmentos incolores, cada um medindo (5,28±0,19 x 1,65±0,96 μm).

4.4.5Alterações a 72 HAT :

Às 72 HAT, micélios de *B. bassiana* eram distintos em torno dos quais GRs se agregavam [Fig. 5(a), Placa 6(a)]. Foi observado um grupo de células cobertas por algum material denso [Fig. 5(b), Placa 6(b), 6(c)]. O tamanho do aglomerado (51,26 ± 0,96 x 24,86 ± 0,96 μm) era maior do que o de 48 HAT, que se tornou violeta profundo ao reagir com a coloração de Giemsa [fig. 5 (c), placa 6 (d), 6 (e)]. Em muitos casos, ocorreu um espalhamento excessivo do citoplasma [placa 6 (f)].

4.4.6Alterações a 96 HAT :

Às 96 HAT, o aglomerado tinha 63,14±1,44 * 26,40±1,91 μm de tamanho e uma cor violeta profunda. Era constituído por três camadas, uma camada compacta violeta profunda mais interna rodeada por uma camada de PLs, que estavam ainda rodeadas por uma camada de células soltas. Desta forma, formou-se uma cápsula [placa 7 (a), Fig. 6 (a)].

4.4.7Alterações a 120 HAT :

O aglomerado cresceu até atingir o maior tamanho de 77,66±2,59 x 32,56±1,54 μm a 120 HAT. Consistia numa bainha de células compactas e de cor violeta profunda na região central com um número múltiplo de camadas de células. A camada mais externa, constituída por células frouxamente ligadas, era de cor violeta clara. [Placa 7(b), Fig. 6(b)]. Foram também observados alguns vacúolos no interior do aglomerado.

4.5 Formação de cápsulas e nódulos :

Existem três reacções imunitárias principais nos insectos: fagocitose, encapsulamento e formação de nódulos.

4.5. 1 Fagocitose :

O material citoplasmático estava a espalhar-se das células desintegradas que estavam em contacto com uma estrutura semelhante a um esporo. Verificou-se um alongamento filopodial da GR [placa 3(b)] às 6 HAT e também foram observados alguns vacúolos, indicando que tinha ocorrido digestão.

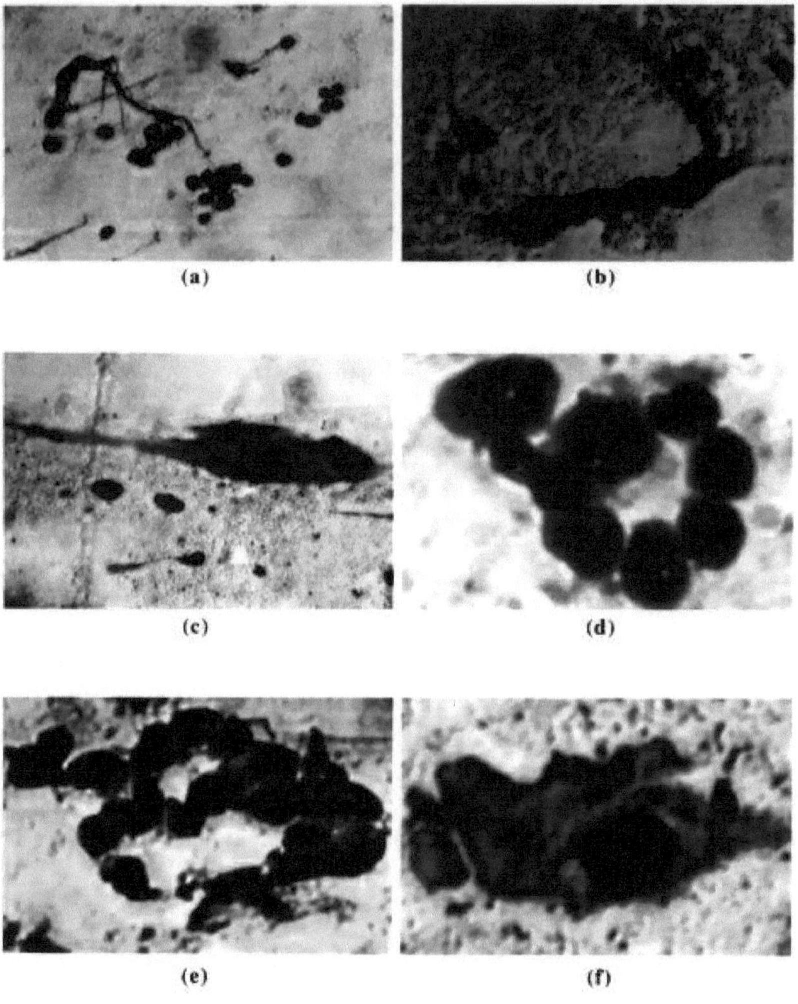

Plate 6. Response of haemocytes to *B. bassiana* infection at 72 HAT

(a) GRs aggregated around mycelia of *B. bassiana* (800x); (b) and (c) Group of cells covered by some dense material (800x); (d) Clump (1,000x); (e) Clump (800x); (f) Excessive spreading of the cytoplasm (1,000x)

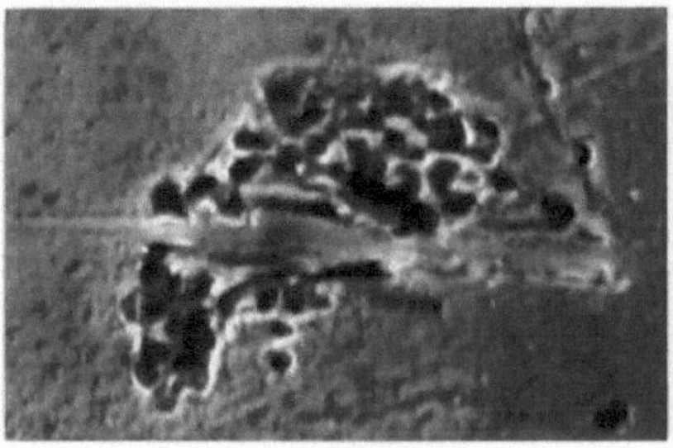

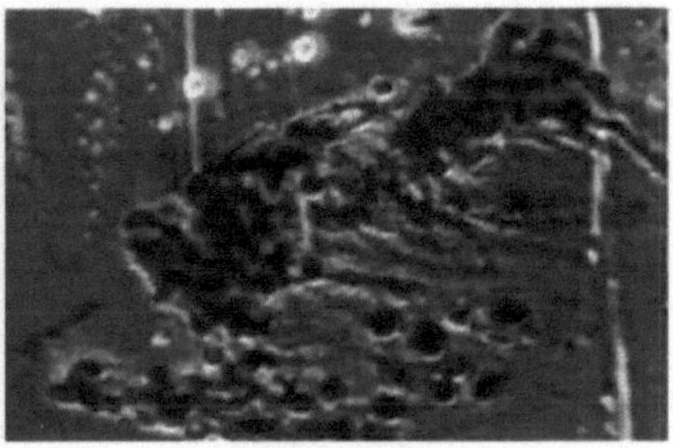

7(a) Capsule
(800 x)

7(b) Nodule
(800x)

Plate 8. Growth of the fungus on the external surface of the insect body

Table 6. Mean±SE number of layers and cells in a clump in response to *B. bassiana* treatment

Post- inoculation period (hour)	Layers/Clump	Cells/Clump
0	0.00±0.00	0.00±0.00
6	1.00±0.00	2.00±0.00
24	3.20±0.97	11.40±5.95
48	3.20±0.86	18.20±5.77
72	6.00±1.52	44.20±15.28
96	6.80±1.77	52.20±13.51
120	Multiple number of layers	Each clump became compact, cells per clump could not be counted

SE = Standard error , Sample size = 5

4.5.2Encapsulamento :

O encapsulamento de corpos estranhos de grandes dimensões é um fenómeno comum a todas as reacções imunitárias mediadas por células em insectos, em que os invasores estranhos são encerrados em várias camadas de células, dando origem a uma cápsula. Neste caso, o número de camadas de células numa cápsula em diferentes horas de tratamento é apresentado no Quadro 6.

Apenas se formou uma única camada de células às 6 HAT e o número de camadas aumentou durante o período de tratamento. Aos 120 HAT, havia várias camadas, cada uma composta por células, cujo número não pôde ser contado.

Às 96 HAT, no centro da cápsula, foi observada uma camada violeta profunda (na coloração de Giemsa). A camada exterior, constituída por PLs achatadas, era claramente visível [placa 7(a)]. As células que formam a camada mais interna em contacto com o corpo estranho apresentaram alongamento geral, achatamento e lise.

4.5.3. Formação de nódulos :

Era bastante difícil distinguir entre encapsulamento e formação de nódulos. A 120 HAT, observou-se um nódulo [Placa 7(b); Fig. 7] em que a região interna era de cor violeta profunda e estava rodeada por alguns granulócitos e plasmatócitos frouxos que eram violeta claro em comparação com a região intermédia do aglomerado. Foram observados alguns vacúolos que indicavam lise.

4.6 Crescimento do fungo na superfície externa do corpo :

Às 72 e 96 HAT, mostraram a mortalidade dos insectos em resposta à aplicação de *B. bassiana*. O inseto morto foi mantido na incubadora a 25°C dentro de uma placa de Petri coberta com papel de filtro que foi humedecido com água destilada antes de ser utilizado. Os insectos tratados, depois de retirada a hemolinfa, foram também incubados da mesma forma. Após 5-7 dias, observou-se o crescimento do fungo na superfície do corpo do inseto e o inseto apareceu branco (placa 8).

Capítulo 5

DISCUSSÃO

Investigações recentes indicam que os insectos possuem mecanismos de defesa eficazes capazes de resistir, conter e eliminar muitos dos invasores. Os insectos apresentam um mecanismo de defesa celular mediado por hemócitos em termos de fagocitose, encapsulamento e formação de nódulos. Com a crescente procura de fungos entomopatogénicos como agentes de biocontrolo, a imunossupressão está a tornar-se um novo conceito de controlo de pragas de insectos nos últimos anos. Os resultados da presente investigação são discutidos neste capítulo.

5.1 Efeito na contagem total de hemócitos (THC) em hispa de arroz adulta em resposta ao tratamento com *B. bassiana* :

O quadro 1 revela que não se verificou um aumento ou uma diminuição significativa do THC no inseto de controlo nas 120 horas de observação; no entanto, diminuiu gradualmente com o aumento do período de tratamento. Às 6 HAT, verificou-se uma diminuição significativa do THC em comparação com o controlo.

Não se registaram alterações significativas no THC entre 24 horas e 48 horas de tratamento; mas às 72 HAT, o THC diminuiu drasticamente. Este facto está em conformidade com o relatório de Shapiro *et al.* (1969), no qual o THC diminuiu drasticamente quando as larvas de *Heliothis zea* foram expostas a uma concentração elevada de vírus. Uma redução drástica do THC após a injeção de doses ligeiras de *Bacillus thuringiensis* vivo ou morto em *Pseudaletia unipunctata* (Wittig, 1965). Em resposta à infeção com o vírus da poliedrose, a diminuição do THC foi evidente em *Galleria mellonella* e *Spodotera litura* (Wittig, 1962; Shapiro *et al.,* 1969; Rabindra e Subramaniam, 1977 e Chiang *et al.,* 1988). Foram também observadas diminuições do THC em *Trichoplusia ni* (Laigo e Paschke, 1966) e em *Apis mellifera* (Gilliam e Shimanuki, 1967) após infeção por *Nosema* sp. e *N. apis,* respetivamente.

5.2 Efeito na DHC (%) em hispa de arroz adulta em resposta ao tratamento com *B. bassiana:*

A comparação da DHC dos insectos normais e tratados (quadros 2 e 3) revelou variações distintas na população de GR e PL. As PRs nos insectos tratados diminuíram significativamente às 6 HAT; às 24 HAT, as PRs desapareceram completamente, o que estava em conformidade com as conclusões de Kulshreshtha e Pathak (1997), onde as PRs desapareceram completamente na *Blatella gramanica infetada com Aspergillus flavus*. Isto pode provavelmente dever-se à sua possível conversão em PLs, como sugerido por Yeager (1945) em *Prodenia eridania,* Jones (1959) e em larvas de *Prodenia* por Arnold (1974). Uma sugestão semelhante de transformação direta de PRs em GRs foi também proposta por Gupta (1979).

O nível de PL no inseto tratado aumentou continuamente até 48 horas após o tratamento e voltou a diminuir ligeiramente após 72 horas após o tratamento. O aumento significativo do nível de PLs no inseto tratado, em comparação com o controlo, verificou-se às 48 horas HAT. O aumento de PLs, um imunócito, pode provavelmente estar correlacionado com a procura crescente de imunidade celular. A eficácia da fagocitose, do encapsulamento e de outros mecanismos de defesa resulta principalmente das populações de imunócitos circulantes disponíveis. Gupta (1985b e 1986) sugeriu que quanto maior a população de PLs ou GRs, mais forte é a defesa celular, o que pode ser a razão para o aumento do nível de PLs logo após o tratamento com *B. bassiana.* A redução observada nas PLs nas fases posteriores do tratamento pode provavelmente dever-se ao seu envolvimento na formação de nódulos e cápsulas ou à sua degeneração. A transformação direta das PLs em GRs nos insectos pode também ser uma das causas da redução das contagens de PLs na última fase da infeção fúngica (Yeager, 1945; Jones, 1956; Gupta e Sutherland, 1966; Hoffmann, 1967; Devauchelle, 1971; Beaulaton e Monpeyssin, 1977). As reduções observadas nas PLs podem provavelmente ser devidas à conversão para a forma séssil, fixando-se ao tecido hospedeiro, o que, como resultado, aumenta acentuadamente a GR após o tratamento com *B. bassiana.*Rizki (1962); Gupta e Sutherland (1966) e Landureau e Grellet (1975) demonstraram que uma mudança nas condições fisiológicas pode resultar na transformação de um tipo de hemócito noutro.

As PRs transformam-se em PLs (Yeager, 1945; Arnold, 1952, 1970, 1974; Jones 1954, 1956, 1959; Shrivastava e Richards, 1965; Mitsuhashi, 1966; Wille e Veechi, 1966; Beaulaton, 1968; Devauchelle, 1971; Lai-Fook, 1973; Beaulaton e Monpeyssin, 1977). Os PRs transformaram-se em GRs (Francois, 1974). Sohi (1971) indicou que as PRs são as células germinais a partir das quais se desenvolvem outras categorias. Srivastava e Richards (1965) demonstraram uma linha direta de desenvolvimento de PR para PL para AD (GR) no sangue de um lepidóptero, *Galleria mellonella.*

A contagem de GRs aumentou acentuadamente nos insectos infectados em comparação com os normais, o que revelou a participação ativa dos GRs na fagocitose, o que estava em conformidade com as conclusões de Kulshreshtha e Pathak (1997).

5.3 Tipos de hemócitos :

Os hemócitos são as principais células envolvidas no mecanismo de defesa dos insectos; assim, o seu estudo é de importância primordial para compreender a redução de um inseto contra um agente patogénico. O presente estudo foi realizado para relatar a caraterização de hemócitos em adultos de *D. armigera* e o efeito de *B. bassiana* sobre eles.

No presente estudo, foram caracterizados quatro tipos de hemócitos, *nomeadamente* PRs, PLs, GRs e SPs, nos adultos de *D. armigera.* Este resultado foi semelhante ao relatório de Akai e Sato (1976) em *Penesthia angustipennis* (Dictyoptera); enquanto em *Lucilia illustris,* Akai e Sato (1977) caracterizaram PRs, PLs, GRs e adipohaemocytes (ADs); Harpaz *et al.* (1969) registaram a ocorrência de plasmatócitos, GRs, ADs e enocitóides (OEs) em *Spodoptora littoralis; os plasmatócitos*, GRs, SPs e OEs também eram comuns em *G. mellonella* (Neuwirth, 1973); PLs, dois tipos de GRs e coagulócitos (COs) em *Thermobia domestica* (Francois, 1974); PRs, PLs, GRs e ADs em *Macrosiphoniela sarborni* (Behera *et al.*, 1999). No presente estudo, não foram observados ADs, OEs e COs, o que pode estar relacionado com a diferença na variação taxonómica, bem como com outras funções fisiológicas.

5.3.1Prohaemocytes (PRs) :

Em termos de características, forma e tamanho, verificou-se que as PRs da hispa do arroz eram semelhantes ao "proleucócito" (Hollande, 1911); "proleucocitóide" (Yeager, 1945); "prohemocitóide" (Jones e Tauber, 1954); "plasmatócito jovem" (Gupta e Sutherland, 1966; Gupta, 1969); "granulócito jovem" (François, 1974). Os PRs eram provavelmente células estaminais para PLs, GRs e SPs (Arnold, 1970).

5.3.2Plasmatócitos (PLs) :

As PLs, no presente estudo, eram grandes células fusiformes e fusiformes com núcleo cêntrico ou excêntrico. Em *Helicoverpa armigera,* Kalia *et al.* (2001) também registaram a presença de PLs de forma semelhante.

5.3.3Granulócitos (GRs) :

Num inseto saudável, os GR caracterizavam-se pela presença de grânulos citoplasmáticos densos, de forma quase redonda ou oval, sem quaisquer extensões citoplasmáticas. Kalia *et al.* (2001) registaram também um tipo semelhante de GR em *H. armigera.*

As células granulares são comparáveis aos oenocitóides de Wigglesworth (1955), aos granulócitos típicos de Jones (1962), aos granulócitos de Hoffmann e Stoeckel (1968) e aos plasmatócitos de Rowley e Ratcliffe (1981).

5.3.4Esferulócitos (SPs) :

Verificou-se que os SPs tinham uma forma esférica ou ovoide com esférulas intracitoplasmáticas. Este facto está de acordo com o relatório de Kalia *et al.* (2001) em *H. armigera.* Este facto foi considerado semelhante às "spherule cells" (Hollande, 1909); "cellules spheruleuses" ou "cellules a spherules" (Palliot, 1919; Palliot e Noel, 1928). A presença de esférulas intracitoplasmáticas foi também registada por Strand e Noda (1991).

5.4 Alterações morfológicas nos hemócitos em resposta ao tratamento com *B. bassiana:*

As alterações da imagem sanguínea "podem indicar uma resposta fisiológica a um agente excretor geral, seja ele uma hormona, um veneno ou uma bactéria" (Jones, 1950). As alterações na morfologia dos hemócitos podem ser o resultado de alterações fisiológicas extremas. Na presente investigação, os hemócitos de *D. armigera* mostraram alterações morfológicas em resposta à infeção por *B. bassiana*, o que estava de acordo com o relatório de Cermakova e Samsinakova (1960) durante a infeção por *B. bassiana* em *Leptinotarsa.*

Às 6 HAT, os imunócitos (GRs) mostraram alternância nas suas formas. Apareceram com uma forma irregular devido à rutura da membrana plasmática em alguns pontos, seguida de espalhamento dos materiais citoplasmáticos. Esta desintegração das células granulares pode provavelmente dever-se ao contacto estreito e ao espalhamento da membrana plasmática em torno da partícula, o que está em conformidade com Grimstone *et al.* (1967), que também relataram um fenómeno semelhante em células sanguíneas de insectos. Após a fixação das partículas à superfície do hemócito, a célula reage formando pseudópodes finos que acabam por se fundir nas suas pontas ou com a superfície celular para envolver a partícula numa bolsa de citoplasma (Ratcliffe e Rowley, 1974; Rowley e Ratcliffe, 1976), o que também foi observado no presente estudo. Ao mudar suas formas originais, as GRs e PLs mudaram para formar aglomerados em *D. armigera* em resposta à infeção por *B. bassiana.* Observações semelhantes foram registadas por Boczkowska (1935), onde os hemócitos apareceram como células gigantes em resposta a *B. bassiana* e *Metarrhizium anisopliae* em *Galleria.* Para contrariar a infeção por este fungo, a degeneração das PLs e GRs foi comum em *D. armigera,* que começou às 6 HAT; um fenómeno semelhante foi também observado em *Leptinotarsa* em resposta a *B. bassiana* (Sirotina, 1961). Da mesma forma, as células em degeneração também foram observadas em *Hyalophora* (Sussman, 1952) em resposta a *Aspergillus flavus.*

No presente estudo, a desintegração e vacuolação das PL e GR são também fenómenos comuns nos insectos para lutar contra um invasor, o que também foi observado neste caso (Vinson, 1971, Anderson *et al.*, 1990 e Kalia *et al.*, 2001).

A alteração da morfologia celular está correlacionada com alterações na adesão celular. Rizki e Rizki (1994) verificaram que as partículas semelhantes a vírus aderem aos lamelócitos, o que foi considerado semelhante à presente observação. Observações semelhantes sobre a alternância da morfologia dos lamelócitos em *Drosophilla melanogaster* devido a um fator semelhante a um vírus injetado juntamente com o ovo pela vespa parasitoide fêmea (Rizki e Rizki, 1990).

As células modificadas se agregaram ou permaneceram solitárias em *D. armigera* em resposta ao tratamento com *B. bassiana*, o que está de acordo com os achados de Rizki *et al.* (1990) e Russo *et al.* (2001), nos quais os lamelócitos se alteraram na forma e permaneceram solitários após a infeção com uma cepa virulenta de vespa parasita. O presente achado também foi considerado semelhante à alternância na morfologia devido à ação parasitária em *Pseudoplusia includens* (Strand e Noda, 1991).

Este tipo de modificação na morfologia dos hemócitos não foi observado no inseto de controlo durante a presente investigação, o que estava em conformidade com as conclusões de Russo *et al.* (2001). Houve uma alternância na morfologia das PLs e GRs em resposta à infeção por *B. bassiana*, mas não nas PRs e SPs. As células modificadas mostraram alongamento filopodial seguido de diferenciação em células extremamente planas, compactas, agrupadas e estáveis. Da mesma forma, Rizki (1957), Carton e Kitano (1979) mostraram a transformação de PLs em lamelócitos em larvas de *Drosophilla* após parasitação única e múltipla de cothonopsis. Em situação semelhante, Harpaz *et al.* (1965) também observaram alterações patológicas nas GRs e PLs de *Thaumetopoea wilkinsoni.*

A alternância no comportamento dos hemócitos pode provavelmente ser devida ao efeito direto da infeção por *B. bassiana* ou aos factores ou substâncias produzidos pela interação entre uma substância estranha e uma população específica de hemócitos, tal como sugerido por Salt (1970). Os hemócitos foram lisados após a infeção com *B. bassiana*, o que estava de acordo com as conclusões de Stoltz e Vinson (1979), em que as PLs foram lisadas por infeção direta com *Campoletis sonorensis* polyhedravirus em *H. virescens.*

5.5 Formação de cápsulas e nódulos :

Os hemócitos dos insectos são capazes de reduzir o número de corpos estranhos na hemocele através da fagocitose, do encapsulamento ou da formação de nódulos (Kislev *et al.*, 1969). Estes processos diferem entre si principalmente no que diz respeito ao tamanho relativo dos materiais estranhos para a célula que responde e à extensão da reação (Gupta, 1985b).

5.5.1 Fagocitose :

No presente estudo, as películas de sangue dos insectos tratados revelaram a participação ativa dos GR na fagocitose. Este facto também foi evidenciado pela contagem de GR, que aumentou notavelmente no inseto tratado em comparação com o normal, o que estava em conformidade com as conclusões de Kulshreshtha e Pathak (1997), em que a contagem de GR aumentou notavelmente em *Blatella germanica* após infeção por *Aspergillus flavus.* Wago (1983) descreveu a fagocitose pelas células granulares e dividiu o processo em três fases - fixação, alongamento filopodial e internalização através da extensão ativa da membrana em forma de véu processada, que foram observadas no presente estudo. O alongamento filopodial pode ter desempenhado um papel fundamental no desencadeamento ou na regulação das reacções celulares pelas células granulares, particularmente na determinação da fagocitose ou da fase inicial do encapsulamento, tal como sugerido por Wago (1983). A presente descoberta também estava de acordo com o relatório de Pathak (1991), onde os esporos de *Aspergillus niger* foram engolidos por células granulares iniciais *in vivo* e *in vitro.* Também referiu que os esporos eram rodeados por várias células granulares em degeneração, o que era semelhante à presente observação. Observações semelhantes foram registadas por Pathak (1991) em *Bombyx mori*, onde as bactérias foram engolidas por plasmatócitos, bem como por células granulares; Wago e Ichikawa (1971), onde as células granulares envolvidas na fagocitose eram de um tipo grande e os plasmatócitos não estavam envolvidos neste processo.

Os imunócitos (PLs e GRs) envolvidos na presente observação também estavam de acordo com o relatório de Kulshreshtha e Pathak (1997), Jayachandran *et al.* (1999) e Kalia *et al.* (2001). Ratcliffe e Rowley (1974) referiram que os plasmatócitos de Galleria, Calliphera e Periplaneta eram os tipos de células mais activos na fagocitose de látex, eritrócitos de pinto e certas bactérias, enquanto as células granulares de

Galleria também fagocitavam partículas numa extensão limitada. Sharma *et al.* (1986) referiram que a célula predominante envolvida na fagocitose eram as PL, seguidas das GR.

Os receptores dc superfície, as moléculas de adesão e o citoesqueleto desempenham um papel importante no reconhecimento de antigénios estranhos. Os receptores de superfície, incluindo as moléculas de adesão, evoluíram numa fase unicelular para facilitar a agregação celular e a ingestão de alimentos. Os receptores de superfície que controlam a motilidade (quimiotaxia e quimiocinese) aumentam estes processos. Foram encontrados vários tipos de receptores de lectinas e opióides na superfície dos imunócitos. Os receptores de superfície mais frequentemente registados são os da frutose, manose, galactose, N-acetil galactose, N-acetil glucosamina e ácido N-acetilneuramínico. Algumas destas lectinas encontram-se na hemolinfa dos insectos (Gupta, 1991, Gupta *et al.,* 1991; Beck *et al.,* 1994).

Os receptores de aminas biogénicas, tais como os receptores de octopamina e de 5-hidroxitripsomina (5-HT), também foram referidos em alguns artrópodes. Por exemplo, a inibição dos receptores 5-HT e octopamina na barata americana pelos seus antagonistas (cetansurina e fentolamina, respetivamente) bloqueou 100% e 90% da fagocitose, respetivamente (Baines *et al.,* 1992). Por último, foi descrito um recetor denominado croquemort no hemócito da Drosophilla, que reconhece as células apoptóticas. A "hemocitina" de *Bombyx mori* é uma proteína de adesão envolvida no encapsulamento e na hematose.

A membrana plasmática está ancorada a um esqueleto filamentoso subjacente, que determina a forma e a mobilidade do imunócito. O citoesqueleto está também envolvido no revestimento dos receptores de superfície, na transudação de sinais e no transporte intracelular de ácidos ribonucleicos mensageiros (Gupta, 1997).

A fagocitose é uma resposta localizada de uma região da membrana plasmática do imunócito e do seu citoesqueleto subjacente e o contacto com o antigénio estranho ativa o imunócito. O contacto com o antigénio estranho ativa o imunócito, o que provoca alterações estruturais, tais como o remendo e a cobertura dos receptores, a rutura da membrana plasmática e a formação de pseudópodes (Gupta, 1997).

No presente estudo, a fagocitose foi observada às 6 horas da manhã, quando ocorreu a desintegração e a vacuolização dos imunócitos. Observações semelhantes foram registadas por Bidockka e Khachatourian (1987) no funil de capim migratório, *Melanoplus sanguinipes* devido a conídios de *B. bassiana* por Kulshreshtha e Pathak

(1997) em *B. germanica* devido a *A.flavus* por Kaaya *et al.* (1986) em *Glossina* devido a *Bacillus cereus* e *Escherichia coli.*

5.5.2Encapsulamento :

O encapsulamento de grandes corpos estranhos é um fenómeno comum das reacções imunitárias mediadas por células nos insectos. Os invasores estranhos são encerrados em várias camadas de células e a cápsula assim formada é melanizada e isolada da circulação ativa para proteger o hospedeiro. Em *Bombyx mori,* Pathak (1991) referiu que as células granulares aderem ao objeto estranho e que se formou uma camada pegajosa degenerada de material floculento à volta do objeto estranho. As PLs foram atraídas por esta substância pegajosa e achataram-se sobre o material floculento para formar uma cápsula espessa de várias camadas e toda a estrutura apareceu como melanizada, o que estava de acordo com os presentes resultados observados às 96 HAT. Observações semelhantes foram também relatadas por Gupta (1985), Gotz (1986) e Vinson (1990), nos quais, quando um corpo estranho de grandes dimensões atingia a hemocele, entrava aleatoriamente em contacto com células granulares, seguindo-se o reconhecimento do corpo estranho como uma estrutura não própria pelas células granulares e estas desintegravam-se para libertar uma substância granular pegajosa em torno do objeto estranho. O material floculento libertado pelas células granulares pode possuir algum fator reconhecível que atrai as PL, tal como sugerido por Vinson (1990), em que as PL se ligam ao corpo estranho e umas às outras. A presente observação também estava em conformidade com as conclusões de Rowley e Ratcliffe (1976) em *G. mellonella,* após contacto e lise de GR, os resíduos celulares resultantes continham numerosos grânulos. A decomposição dos GRs produziu a formação de um coágulo localizado na superfície do implante e o processo assemelhava-se à coagulação normal da hemolinfa. Os plasmatócitos eram o único tipo de células claramente visível sob a forma de uma bainha com várias camadas na cápsula, tal como referido por Grimstone *et al.* (1967).

Diferentes trabalhadores referiram vários tipos de células envolvidas no encapsulamento. Amebócitos por Timberlake (1912), leucócitos por Hollande (1920), linfócitos por Schneider (1950), Macroleucócitos por Palliot (1928), Micronucleócitos por Boese (1936), Proleucócitos por Lartschenko (1933), SPs por Meyer (1926) e mais recentemente GRs por Brehelin *et al.* (1975); Trombocitóides (Zachary *etal,* 1975), a maioria dos quais se enquadra nas categorias PL e GR, tal como referido por Jones (1962); Shapiro (1969); Price e Ratcliffe (1974).

A melanose pode ser devida a células granulares desintegradas e material descarregado perto da superfície estranha, conforme relatado por Gotz (1986). Taylor (1969) sugeriu que a melanização da cápsula depende do sistema de fenoloxidase, que mata microorganismos e parasitas isolando os objetos estranhos do resto do corpo, selando-os numa cápsula dura de melanina, para a qual a melanina e a fenoloxidase são componentes importantes da imunidade dos insetos. A injeção de conídios de *B. bassiana, Mucor hiemalis* e *Aspergillus niger* em larvas de quironomus resultou num encapsulamento intenso de todos estes fungos (Gotz e Vey, 1974). A maioria dos esporos germinou e o crescimento dos tubos germinativos provocou uma deposição adicional de material nucleótido. Os conidiósporos de *B. bassiana,* um fungo altamente patogénico e de crescimento rápido, produziram filamentos para romper o invólucro capsular e esgotar a capacidade de encapsulamento das larvas de quirópteros (Gotz e Vey, 1974). A presença de partículas de cálice pode dissociar as células das cápsulas e pode, por conseguinte, atuar impedindo a adesão dos hemócitos (Bedwin, 1970). Os mecanismos dependentes da superfície podem ajudar o parasita a evitar o reconhecimento e o encapsulamento (Lackie, 1976).

Taylor (1969) referiu a produção de desinfectantes sob a forma de quinonas tóxicas através da ativação da atividade da fenoloxidase, sendo esta um pré-requisito para a adesão dos hemócitos a tecidos não próprios.

Kitano (1969a, 1969b, 1974) relatou a existência de um fator provavelmente libertado pelos ovos de *Apanteles glomeratus* presentes nas larvas de *Pieris rapae crucifera,* que provoca uma redução da aderência das PLs, impedindo assim a encapsulação. A reduzida aderência das PLs pode também ter sido causada por uma deficiência nutricional produzida no hospedeiro pela presença de numerosas células gigantes ou teratócitos derivados do torfâmnio do ovo (Salt, 1971). Kitano (1969a) também referiu que os próprios teratócitos podem ter segregado um fator inibidor da encapsulação.

5.5.2Formação de nódulos :

A formação de nódulos ou agregados de hemócitos que retêm material particulado é há muito conhecida como um mecanismo de defesa (Salt, 1970). No processo de formação de nódulos, as células granulares em degeneração produzem uma coagulação que é centralmente melanizada. O antigénio estranho é aprisionado nesse coágulo no centro e rodeado por uma bainha de células sanguíneas (Hollande, 1930; Vey, 1968, 1969; Vey *et al,* 1968, 1973; Vey e Vago, 1971; Gagen e Ratcliffe, 1976; Ratcliffe e Gagen, 1976; Ratcliffe e Rowley, 1979), o que estava de acordo com a presente observação, uma vez que a formação de nódulos apareceu em *D. armigera* em resposta a *B. bassiana* a 120 HAT.

Forma-se um nódulo em torno de um núcleo melanizado de coágulo produzido pelas células granulares em degeneração e que envolve o material particulado. Tal como no encapsulamento, as PLs/GRs são rapidamente atraídas para o núcleo e formam uma bainha (Ratcliffe e Rowley, 1979). A formação de nódulos é semelhante ao encapsulamento em alguns aspectos e tanto a formação de nódulos como o encapsulamento podem ocorrer no mesmo inseto em resposta ao mesmo parasita (Ratcliffe e Rowley, 1979) e é difícil distinguir entre as duas reacções de defesa (Salt, 1970). Vey *et al.* (1968), Gagen e Ratcliffe (1976), Ratcliffe e Gagen (1976, 1977) descreveram o nódulo ou granuloma como uma bainha multicelular formada por GRs e PLs. A formação de nódulos é afetada por produtos da parede celular bacteriana e foi demonstrado que a 5-HT (serotonina) e a octopamina aumentam a formação de nódulos na barata americana. A nodulação de bactérias em *Manduca sexta* é mediada por eicosanóides.

O inseto mostrou todos os 3 tipos de mecanismos de defesa, ou *seja,* fagocitose, encapsulamento e formação de nódulos contra *B. bassiana.* Mas às 72 HAT, os insectos começaram a morrer. Isso pode provavelmente ser devido ao crescimento secundário das hifas na hemocele após a penetração na hemocele. O conidiósporo de *B. bassiana,* um fungo altamente patogénico e de crescimento rápido, produziu os filamentos e foi capaz de quebrar o invólucro capsular, pelo que o inseto não pôde continuar a defender o crescimento do fungo. Uma explicação plausível para este facto pode dever-se à redução do THC devido à destruição das células, ou à presença de partículas de cálice resultantes da associação de fungos e células hemocíticas, que podem dissociar as células das cápsulas, impedindo a sua posterior adesão. A produção de desinfectantes sob a forma de quinonas tóxicas pela ativação da atividade da fenoloxidase pode ser uma das razões para a destruição dos hemócitos. Poderão existir alguns factores libertados pelo fungo que causaram a redução da aderência das PLs, impedindo o encapsulamento. A reduzida aderência das PLs também pode ter sido causada pela deficiência nutricional produzida no hospedeiro devido à presença de numerosas células gigantes. As células gigantes foram produzidas pela agregação das células granulares que eram responsáveis pelo fornecimento de alimentos em condições de stress. Mas as células gigantes não foram capazes de fornecer os nutrientes, o que resultou numa redução da aderência das PL. As células gigantes podem provavelmente ter segregado um fator de inibição do encapsulamento, tal como relatado por Kitano (1969a, 1969b, 1974) em larvas de Pieris rapae devido à presença de ovos *de Apanteles glomeratus*, levando à morte do inseto. A experiência revelou que o fungo pode deprimir o sistema imunitário do inseto.

5.6 Crescimento de fungos na superfície externa do corpo:

O inseto afetado torna-se lento e o seu comportamento normal é alterado. O inseto fica paralisado e permanece fixo nas plantas ou cai no chão. Quando o inseto morto é incubado a uma temperatura de 25°C, aparece um crescimento micelial branco no corpo dentro de 5-7 dias. A presente constatação estava em conformidade com as constatações de Hazarika e Puzari (1990) e Puzari *et al.* (1994). Isto pode dever-se à germinação dos esporos na cutícula, seguida de penetração na hemocele, onde o crescimento secundário das hifas resultou na morte do inseto.

Capítulo 6

RESUMO E CONCLUSÃO

A presente investigação foi realizada no Laboratório de Fisiologia do Departamento de Entomologia, AAU, Jorhat, com o objetivo de: Compreender certos aspectos do comportamento imuno-depressivo de *B. bassiana* na hispa do arroz. As alterações na morfologia e na função dos hemócitos durante a infeção foram amplamente estudadas como parte da investigação sobre a imunidade dos insectos. É difícil oferecer um resumo conciso e preciso das alterações da população de hemócitos nos insectos. As principais conclusões da presente investigação são resumidas neste capítulo.

1. O THC de uma hispa do arroz adulta variou entre 5055 e 5950/mm^3 . Estudos sobre o THC na hispa do arroz adulta em resposta a *Beauveria bassiana* mostraram que houve uma redução drástica do nível de hemócitos em comparação com o inseto de controlo.

2. É frequente haver desacordo quanto à nomenclatura e classificação dos hemócitos devido à variabilidade das características morfológicas dos hemócitos e a artefactos na morfologia devido à utilização de diferentes técnicas. No presente estudo, foram caracterizados quatro tipos de hemócitos, *a saber,* PR, PL, GR e SP, em *D. armigera* adulta, representando 3,69-4,41%, 35,03-37,31%, 53,66-54,20% e 4,29-6,91%, respetivamente, por microscopia ótica na preparação de gotas suspensas vivas. Mais de 80% do total de hemócitos era composto por PLs e GRs, que eram os principais componentes dos imunócitos.

3. O estudo de DHC em adultos de hispa do arroz em resposta a *B. bassiana* mostrou uma redução significativa na contagem de PR às 6 horas e não foi observada nenhuma PR às 24 horas, não houve diferença na contagem de PL entre o tratado e o controlo em diferentes horas de tratamento, exceto às 48 horas. Da mesma forma, a contagem de SP mostrou uma diferença significativa entre o controlo e o inseto tratado às 72 HAT, seguida de uma redução significativa às 120 HAT.

4. Estudos sobre as características morfológicas dos hemócitos na hispa de arroz adulta mostraram que os PR eram os mais pequenos de todos os outros tipos, os plasmatócitos fusiformes, os granulócitos redondos ou ovóides com grânulos citoplasmáticos e vacúolos e os SP com esférulas transparentes intracitoplasmáticas características.

5. Os PR e SP não mostraram qualquer alternância morfológica em resposta ao tratamento com *B. bassiana*, enquanto os imunócitos (PL e GR) alteraram a sua forma

e tamanho, o que começou às 6 HAT.

6. As PL afectadas aumentaram de tamanho, seguindo-se a rutura da membrana plasmática num ponto que resultou na saída do citoplasma às 6 HAT e a sua união ao GR para formar aglomerados às 24 HAT.

7. Foram observadas algumas estruturas semelhantes a esporos que se ligam à membrana plasmática dos GR, resultando numa alternância da sua forma.

8. Em resposta à *B. bassiana,* a GR apresentou três tipos de alterações às 6 HAT, nomeadamente (i) formação de uma extensão citoplasmática da membrana plasmática semelhante a um pseudópode, (ii) desintegração da membrana plasmática e extravasamento do conteúdo celular e (iii) aglomeração de duas células. O tamanho dos aglomerados foi aumentando com o aumento do período de tratamento, sendo o mais elevado a 120 HAT. As GRs também apresentaram alongamento filopodial como monopolar, biploar e multiploar.

9. O SP, por outro lado, permaneceu aderido ao aglomerado sem sofrer qualquer alteração.

10. Os micélios foram observados às 24 HAT, sendo mais distintos às 72 HAT, em torno dos quais se agregaram os GRs, que estavam ainda rodeados por PLs.

11. O inseto mostrou fagocitose, encapsulamento e formação de nódulos em resposta a *B. bassiana.* O encapsulamento e a formação de nódulos foram observados aos 96 e 120 HAT, respetivamente.

12. A melanização das cápsulas e dos nódulos também foi observada em resposta a *B. bassiana.*

13. Finalmente, os insectos morrem e o fungo cresce na superfície externa do corpo do inseto.

BIBLIOGRAFIA

*Abdel-Rahman, A. M.; Zohdy, N.; El-Moursy, A. A.; Kares, E. A. e EL-Mandarway, M. B. R. (2000). Contagem qualitativa diferencial de hemócitos em larvas saudáveis e parasitadas de *Spodoptera littoralis* (Boisd.) após tratamentos insecticidas. *Egyptian J. Agric. Res.* **78**(4):1549-1568.

*Akai, H. e Sato, S. (1976). Ultra-estrutura de superfície dos hemócitos larvais do bicho-da-seda, *Bombyx mori* L. (Lepidoptera : Bombycidae). *Int. J. Insect Morphol. Embryo!* **5**:17-21.

*Akai, H. e Sato, S. (1977). Ultra-estrutura interna e de superfície dos hemócitos em *Lucilia illustris. Int. J. InsectMorphol. Embryol.* 6:65-71.

Ambethgar, V. (1997). Registo do fungo da muscardina branca, *Beauveria bassiana* (Bals.) Vuill. no complexo da folha de arroz de Karaikal, Território da União de Pondichery (Índia). *J. Ent. Res.* **21**(2): 197-199.

Ambethgar, V. (2001). Exploração de fungos entomógenos no controlo biológico de pragas das culturas. In: *Biocontrol Potential and Its Exploitation in Sustainable Agriculture.* Vol. 2, Insect Pests. Upadhyay, R. K.; Mukherji, K. G. e Chamola, B. P. (eds.), Acad. Publ., Nova Iorque, pp. 39-55.

* Andersons, D.; Gunne, H.; Hellers, M.; Johansson, H. e Steiner, H. (1990). Respostas imunes em *Trichoplusia ni* desafiadas com bactérias ou baculovírus. *Insect Biochem.* **20**(5):537-543.

Anisworth, G. C. (1956). *Agostino Bassi,* 1973-1856. *Nature.* **177**:255-257.

Arnold, J. W. (1952). Os hemócitos da traça da farinha do Mediterrâneo, *Ephestia kuhniella.* Zell. (Lepidoptera : Pyralididae). *Can. J. Zool.* **30**:352-364.

* Arnold, J. W. (1970). Hemócitos da barata do besouro do Pacífico, *Diploptera punctata. Can. Entomol.* **102**(7): 830-835.

* Arnold, J. W. (1974). Os hemócitos dos insectos. In: *The Physiology of Insects.* Rockstein, M. (ed.), Vol. 5, Acad. Press, Nova Iorque, pp. 201-254.

* Arnold, J. W. (1979). Hemócitos de insectos em microscopia ótica: técnicas. In: *Insect Haemocytes.* Gupta, A. P. (ed.), Cambridge Univ. Press, Cambridge, pp. 231-258.

* Arnold, J. W. e Hinks, C. F. (1976). Hemopoiese em Lepidoptera. I. A multiplicação de hemócitos circulantes. *Can. J. Zool.* **54**:1003-1012.

*Arvy, L.; Gebe, M. e Lhoste, J. (1948). Contribution a letude morphologique du sang de *Chrysomela decemlineata* Say. *Bull. Biol. Fr. Belg.* **82**:37-60.

*Babers, F. H. (1938). Uma septicemia do verme do exército do sul causada por *Bacillus cereus. Ann. Entomol. Soc. Amer.* **31**:37 1-373.

*Baines, D.; De Santis, T. e Downer, R. G. H. (1992). Octopamine and 5- hydroxytryptomine enhance the phagocytic and nodule formation activities of cockroach *(Periplaneta americana)* haemocytes. *J. Insect Physiol.* **38**(11):905- 914.

*Balsamo, C. G. (1835). Observazione sopra una nuova specie di Muccdinea del genera Botrytis, etc. *Bibl. Ital.* **1**:79.

Bardoloi, S. e Hazarika, L. K. (1995). Variação da população de hemócitos durante os diferentes instares larvares de *Antheraea assama* (Lepidoptera; Saturniidae) Westwood e o seu papel no mecanismo de defesa do inseto. *J. Assam Sci. Soc.* **37**(2): 96-102.

*Barba, R. L. (1945). Studies on the milky disease of Japanese beetle larvae. *Conn. Agric. Exp. Stn. Bull.* **491**:505-583.

*Beaulaton, J. (1968). Etude ultrastructurale et cytochimique des glandes prothoraciques de vers a soie aux quatrieme et cinquieme ages larvaires. I. La tunica propria et ses relations aves les fibres conjonetives et les hemocytes. *J. Ultrastruct. Res.* **23**:474-498.

*Beaulaton, J. e Monpeyssin, M. (1977). Ultrastructure et cytochime des haemocytes d' *Antheraea pernyi* Guer (Lepidoptera, Attacidae). II. Cellules a spherules et oenocytoides. *Biol. Cell.* **28**(1):13-18.

*Beck, G.; Cooper, E. L.; Habicht, G. S. e Marchalonis, J. J. (1994). *Primordial Immunity.* Acad. Sci., New York.

* Bedwin, O. R. (1970). A base particulada da resistência de um parasitoide ao seu hospedeiro. Dissertação de doutoramento, Universidade de Cambridge, Cambridge.

Begum, R. e Gohain, R. (1990). Contagem diferencial de diferentes instares larvais do bicho-da-seda Eri, *Philosomia ricini* (Boise). *J. Assam Sci. Soc.* **32**(2): 19-28.

Behera, M.K.; Behera, R. e Patro, B. (1999). Estudos sobre os hemócitos do pulgão comum do crisântemo, *Macrosiphoniela sanborni. Indian J. Ento.* **61**(1): 51-55.

*Bidockka, M. J. e Khachatourians, G. G. (1990). Identificação da protease extracelular de *Beauveria bassiana* como um fator de virulência na p atogenicidade em relação ao gafanhoto migratório, *Melanoplus sanguinalis. J. Invertebr. Pathol.* **56**:362370.

*Bidockka, M. J. e Khachatourians, G. G. (1991). The implication of metabolic acids produced by *Beauveria bassiana* in pathogenesis of the migratory grasshopper, *Melanoplus sanguinalis. J. Invertebr. Pathol.* **58**: 106-117.

*Boczkowska, M. (1935). Contribution a le etude de le immunite chez les chenilles de *Galleria mellonella* L. contre les champignous entomophytes. *C.R. Soc. Biol.* **119**:39-40.

*Boese, G. (1936). Der Einfluss tierischen Parasites auf den organisms der Insekten. *Z. Parasitenk.* **8**:243-284.

*Boiteau, G. e Perron, J.M. (1976). Estudo dos hemócitos de *Macrosiphum euphorbiae* (Thomas) (Homoptera; Aphididae). *Can. J. Zool.* **54**:228-234 (Em francês, resumo em inglês).

*Boucias, D. G. e Latge, J. P. (1988). Processo de infeção por fungos. *J. Invertebr. Pathol.* **51**:161-168.

*Boulanger, N.; Ehret-Sabatier, L.; Brun, R.; Zachary, D.; Bulet, P. e Imer, J.L. (2001). Resposta imunitária de *Drosophila melanogaster* à infeção por parasitas flagelados *(Crithidia* spp.). *Insect Biochem and Molecular Biology* **631**(2): 129137.

*Bradley, C; Black, W.; Kaerns, R. e Woods, P. (1992). O papel da tecnologia de produção no desenvolvimento de micoinseticidas. In: *Frontier in Industrial Mycology*. Madison, W. I. (ed.), Chapman and Hall, Nova Iorque.

*Brehelin, M.; Hoffmann, J.A.; Matz G. e Porte, A. (1975). Encapsulation of implanted foreign b odies by haemocytes in *Locusta migratoria* and *Melolontha melolontha*. *Cell Tissue Res.* **160**:283-289.

*Brinkman, M. A. e Fuller, B. W. (1999). Influência da estirpe GHA de *Beauveria bassiana* em populações não visadas de artrópodes das pastagens. *Environ. Entomol.* **28**:863-867.

*Bucher, G.E. (1959). Bactérias de gafanhotos do oeste do Canadá. III. Frequência de ocorrência, patogenicidade. *J. Insect Pathol.* **1**:391-405.

Burges, H. D. (1981). *Controlo Microbiano de Pragas e Doenças das Plantas 1970-1980.* Acad. Press, Londres e Nova Iorque, 949 pp.

Burnet, F. M. (1968). Avaliação do processo imunitário em vertebrados. *Nature (Lond.).* **218**:426-430.

*Butt, T. M. (1987). Processo de infeção por fungos. *J. Invertebr. Pathol.* **51**:168-171.

Butt, T. M.; Harris, J. C. e Powell, K. A. (1999). Biopesticidas microbianos. In: *Métodos em Biotecnologia.* Hall, F. R. e Menn, J. J. (eds.), Numana Press, Totowa, pp. 23-44.

*Cameron, G.R. (1934). Inflamação nas lagartas de Lepidoptera. *J. Pathol. Bacteriol.* **38** :441 -4 66.

* Carton, Y. e Kitano, H. (1979). Changes in haemocyte populations of Drosophila larvae after single and multiple parasitization by *Cothonaspis* (Parasitic cynipidae). *J. Invertebr. Pathol.* **34**:88-89.

*Carton, Y. e Nappi, A.J. (1997). Drosophila cellular immunity against parasitoids. *Parasitology Today.* **13**:218-227.

Carton, Y; Frey, F. e Nappi, A. (1992). Determinismo genético da reação imune celular em *Drosophila melanogaster. Heredity,* **69**:393-399.

*Cermakova, A. e Samsinakova, A. (1960). Ueber den mechanisms des durchdringens des pilzes *Beauveria bassiana* Vuill. in die larvae von *Leptinotarsa decemlineata* Say. Cesk. *Parasitol.* **6**:231-236.

*Charnley, A. K. e St. Leger, R. J. (1991). The role of cuticle-degrading enzymes in fungal pathogenesi s in insects. In: *The Fungal Spore and Disease Initiation in Plants and Animals.* Cole, G. T. e Hoch, M. C. (eds.), Plenum Press, Nova Iorque, pp. 267-286.

*Chiang, A.S.; Gupta, A.P. e Han, S.S. (1988). Arthropod immune systems; I. comparative light and electron microscopic account of immunocytes and other haemocytes of *Blatella germanica* (Dictyoptera: Blatellidae). *J. Morphol.* **198:** 257.

Clark, E. W. e Chadbourne, D. S. (1960). Os hemócitos de larvas e pupas não diapausa e diapausa do escaravelho rosa. *Ann. Entomol. Soc. Amer.* **53**:682-685.

Davies, D. H.; Strand, M.R. e Vinson, S.B. (1987). Alterações na contagem diferencial de hemócitos e no comportamento *in vitro* de plasmatócitos do hospedeiro *Heliothis virescens* causadas pelo

Campoletis sonorensis polydnavirus. *J. Insect Physiol.* **33**(3): 143-153.

Davies, D.H. e Vinson, S.B. (1986). Passive evasion by eggs of the braconid parasitoid *Cardiochiles nigriceps* of encapsulation *in vitro* by haemocytes of host, *Heliothis virescens. J. Insect Physiol.* **32**:1003-1010.

Deka, M. K. e Hazarika, L. K. (1995). Efeito do Diflubenzuron no padrão de acasalamento diário da hispa do arroz, *Dicladispa armigera (*Oliv.) (Coleoptera : Chrysomelidae). *Proc. Sem. Agric. Sci. Soc. NEIndia.* **27-28**:323-327.

*Devauchelle, G. (1971). Etude ultrastructurale des haemocytes du Coleoptera *Melolontha melolontha* (L.) *J. Ultrastruct. Res.* **34**:492-516.

Dunn, Peter, E. (1986). Aspectos bioquímicos da imunologia dos insectos. *Ann. Rev. Entomol.* **31**:321 -339.

*Dupas, S.; Brehelin, M.; Frey, F. e Carton, Y. (1996). Partículas semelhantes a vírus imunossupressores num *parasitoide de Drosophila*: significado das suas variações morfológicas intra-específicas. *Parasitology* **113**:207-212.

Edson, K.M.; Vinson, S.B.; Stoltz, D.B. e Summers, M.D. (1981). Vírus de uma vespa parasitoide: supressão da resposta imune celular no hospedeiro do parasitoide. *Ciência* **221**:582-583.

*Ermin, R. (1939). Ueber Bau and Funktion der Lymphocyten bei Insekten *(Periplaneta americana* L.) Z. *Zellforsch. Mikrosh Anat.* **29**:613-669.

* Evans, W.A. e Elias, R.G. (1970). O ciclo de vida de *Malamoeba locustae* (King et Taylor) em *Locusta migratoria migratoides. Ata. Protozool.* 7:229241.

*Fedderson, I.; Sanders, K. e Schmidt, O. (1986). Partículas semelhantes a vírus com determinantes antigénicos da proteína hospedeira protegem um parasitoide de insectos do encapsulamento. *Experimentia* **42**:1278-1280.

*Feng, M. G.; Poprawski, T. J. e Khachatourians, G. G. (1994). Redução, formulação e aplicação do fungo entomopatogénico, *Beauveria bassiana* para o controlo de insectos: estado da convenção. *Biocontrol Sci. Technol.* **4**:3-34.

*Ferron, P. (1977). Influência da humidade relativa no desenvolvimento da infeção fúngica por *Beauveria bassiana* (Fungi imperfecti : Monili ales) em imagos de *Acanthoscelides obtectis* (Coleoptera : Bruchidae). *Entomophaga* **22**:393-396.

*Ferron, P. (1981). Controlo de pragas pelos fungos *Beauveria* e *Metarhizium.* In: *Microbial Control of Pest and Plant Diseases 1970-1980.* Burges, H. D. (ed.), Acad. Press, Londres e Nova Iorque, pp. 465-483.

*Ferron, P. (1985). Controlo fúngico. In: *Comprehensive Insect Physiology, Biochemistry and Pharmacology.* Kerkut, G. A. e Gilbert, L. I. (eds.), vol. 3, Pergamon Press, Oxford, pp. 313-346.

*Francois, J. (1974). Etude ultrastructurale des hemocytes du Thysanoure *Thermobia domestica* (Insecte, Apterigote). *Pedobiologia* **14**:157-162.

* Gabriel, B. P. (1968). Entomogenus microorganisms in Philippines : New and past records.

Philipp. Entomol. **1**:471-472.

*Gagen, S.J. e Ratcliffe, N.A. (1976). Studies on the *in vivo* cellular reactions and fate of injected bacteria in *Galleria mellonella* and *Pieris brassicae* larvae *J. Invertebr. Pathol.* **28**(1): 17-24.

George, P.J.E. e Ambrose, P.D. (1998). Contagem total e diferencial de hemócitos nas fases de vida e morfologia de hemócitos adultos em *Acanthaspis pedestris. Indian J. Ent.* **60**(3): 228-232.

*Gilliam, M. e Shimanuki, H. (1967). Fagocitose *in vitro* de esporos de *Nosema apis* por hemócitos de abelhas. *J. Invertebr. Pathol.* 9:387-389.

*Glinski, Z. e Jarosz, J. (1999). Resposta imune antibacteriana e controlo biológico de pragas de insectos agrícolas. *Medicina Veterineria* **54**:187-193.

*Gotz, P. (1986). Encapsulamento em Artrópodes. In: *Immunity in Invertebrates.* Brehelin, M. (ed.), Springer-Verlag, Berlin-Heidelberg, pp. 153170.

*Gotz, P. e Vey, A. (1974). Encapsulamento humoral em Diptera (Insecta): Reacções de defesa das larvas de Chironomus contra fungos. *Parasitologia* **68**:1-13.

*Gray, J.B. e Anderson, R.C. (1983). Cellular reactions of the field cricket *(Gryllus pennsylvanicus* Burmeister) to *Turgida turgida* (Rudolphi, 1819) (Nematoda : Physalopteroidea) *Can. J. Zool.* **61**:2143-2146.

*Grimstone, A. V; Rotheram, S. e Salt, G. (1967). An electron microscope study of capsule formation by insect blood cells. *J. Cell Sci.* **2**:281-292.

Gupta, A. P. (1979). Chave de identificação dos tipos de hemócitos em preparações em gota suspensa, pp. 527-529. *In:* A.P. Gupta (ed.) *Insect Haemocytes,* Cambridge University Press, Cambridge.

Gupta, A. P. (1985a). Elementos celulares na hemolinfa. In: *Comprehensive Insect Physiology, Biochemistry and Pharmacology.* Kerkut, G. A. e Gilbert, L. I. (eds.), vol. 3, Pergamon Press, Oxford, pp. 401-451.

Gupta, A. P. (1985b). Arthropod immunocytes : their identification, structure, function and functional analogies with th ose of vertebrate B and T lymph ocytes. In: *Haemocytic and Humoral Immunity in Arthropods.* Gupta, A. P. (ed.), Wiley and Sons, Nova Iorque.

Gupta, A. P. (1991). Vertebrados e artrópodes partilham mecanismos imunológicos análogos: mediadores conhecidos e previstos. *J. Idaho Acad. Sci.* **27**(2):5-28.

Gupta, A. P. (1994). Hemócitos de insectos: Classificação e função imunológica. In: Recent *Advances in Insect Physiology and Toxicology (Avanços recentes em fisiologia e toxicologia de insectos).* Guj ar, G.T. (ed.), Agricole Publ. Acad., New Delhi, pp. 106-206.

Gupta, A. P. (1997). Especializações da membrana plasmática em imunócitos de artrópodes *(Limulus polyphemus, Gronphadorhina portentosa* e *Blattela germanica)* em repouso, estimulados e fagocitantes. Analogias estruturais e funcionais com as dos macrófagos e neutrófilos dos vertebrados. *Tiss. e Cell.* **29**(3):365- 373.

Gupta, A. P. e Sutherland, D. J. (1966). Transformações *in vitro* dos plasmatócitos de insectos em alguns insectos. *J. Insect Physiol.* **12**:1369-1375.

*Gupta, A. P.; Orenberg, S. D.; Das, Y. T. e Chattopadhyaa, S. K. (1991). Lectin- binding receptors, Na^+ , K^+ -ATPase and acetylcholineesterase on immunocyte plasma membrane of *Limuluspolyphemus. Exptl. Cell Res..* **194**:83-89.

Guzo, D. e Stoltz, D.B. (1987). Observação da imunidade celular e do parasitismo na traça-das-trevas. *J. Insect Physiol.* **33**:19-31.

Haraprasad, N.; Ninanjana, S. R.; Prakash, H. S.; Shetty, H. S. e Wahat, S. (2001). *Beauveria bassiana* : Um micoparasita potencial para o controlo eficaz da broca do café, *Hypothenemus hampi* (Ferrari). *India Biocontrol Sci. Technol.* **11**:251-260.

*Harpaz, I.; Kislev, N. e Zelcer, A. (1969). Estudos de microscopia eletrónica em hemócitos do verme do algodão egípcio *Spodoptera littoralis* (Boisduval) infectados com um vírus da poliedrose nuclear, em comparação com hemócitos não infectados. I. Hemócitos não infectados. *J. Invertebr. Pathol.* **14**:175-185.

*Harpaz, I.; Zlotkin, E. e Ban Shaked, Y. (1965). Sobre a patologia da poliedrose citoplasmática e nuclear da lagarta processionária de Chipre, *Thaumetopoea wilkinsoni. Trans, J. Insect Pathol.* 7:15-21.

Hazarika, L. K. e Dutta, B. C. (1991). Reação da cultivar de arroz à hispa do arroz. *IRRN.* **16**:14-15.

Hazarika, L. K. e Gupta, A. P. (1987). Variation in haemocyte population during various developmental stages of *Blatella germanica* L. (Dictyoptera; Blatellidae) *Zool. Sci.* **4**:307-313.

Hazarika, L. K. ePuzariK . C. (1990). *Beauveria bassiana* (Bals.) Vuill. para controlo biológico da hispa do arroz em Assam, Índia. *Int. Rice Res. New si.* **15:** 31.

Hazarika, L. K. ePuzariK . C. (1995). Fungo da muscardina branca *{Beauveria bassiana)* patogénico em diferentes estádios da doença do arroz *(Dicladispa armigera). Indian J. Agric. Sci.* **65**:63-67.

*Henry, J.E. (1967). *Nosema acridophagous* sp. um microsporídio isolado de funis de capim. J. *Invertebr. Pathol.* **9**:331-341.

*Hoffmann, D.; Berehelin, M. e Hoffmann, J. A. (1974). Modificação do hemograma e do tecido hemocitopoiético de adultos machos de *Locusta migratoria* (Orthoptera) após injeção de *Bacillus thuringiensis. J. Invertebr. Pathol.* **24**:238-247.

*Hoffmann, J. A. (1967). Etude des hemocytes de *Locusta migratoria* 1. (Orthoptera). *Arch. Zool. Exp. Gen.* **108**:251-291.

*Hoffmann, J. A. e Stoeckel, M. E. (1968). Sur les modifications ultrastructurales des coagulocytes au cours de la coagulation de I'hemolymphe chez un insecte orthopteroide : *Locusta migratoria* L. C. *R. Soc. Biol.* **162**(12):2257-2259.

*Hollande, A. C. (1909). Contribution a l'etude du sang des coleopteres. *Arch. Zool. Exp. Gen.* **42**:271-294.

*Hollande, A.C. (1911). Etude histologiques comparee du sang des insects a hemorshee et des insects sans hemorrhee. *Arch. Zool. Exp. Gen.* (Ser. 5). **6:** 283-323.

*Hollande, A.C. (1920). Reactions des tissues du *Dytiscus marginalis* L. au contact de larves de Distome enkystees et fixes aux parois du tube digestif de 1' insecte. *Arch. Zool. Exp. Gen.* **59**:543-563.

*Hollande, A.C. (1930). La digestion des bacilles tuberculex par les leucocytes du sang des chenilles. *Arch. Zool. Exp. Gen.* **70**:231-280.

*Huger, A. (1960). Untersuchungen zur pathologic einer Mikrosporidiose von *Agrotis segetum* (Schiff.) (Lepidoptera : Noctuiidae) verursacht durch *Nosema perezioides* nov. spec. Z. *Pflanzenkr. Pflanzenpathol. Pflanzenschutz.* **67**:6577.

Jayachandran, G.; Choudhari S. e Ramkrishnan, N. (1999). Cellular reactions of *Spodoptera litura* (Fabricius) infected with a nuclear polyhedrosis virus involving haemocyte dynamics. *J. Ent. Res.* **23**(2): 99-105.

* Jones, J. C. (1950). Cytopathology of the haemocytes of *Tenebrio molitor* Linnaeus (Coleoptera). Tese de doutoramento, Iowa State College, Ames, Iowa.

Jones, J. C. (1954). Um estudo de hemócitos de larvas de farinha com microscopia de contraste de fase. *Ann. Entomol. Soc. Amer.* **47**(2):308-315.

* Jones, J. C. (1956). Os hemócitos de *Sarcophaga bullata* Parker. *J. Morphol.* **99**:233-257.

* Jones, J. C. (1959). O estudo de contraste de fase das células sanguíneas em *larvas de Prodenia (O.* Lepidoptera). *Q. J. Microsc. Sci.* **100**:17-23.

* Jones, J. C. (1962). Conceitos actuais sobre hemócitos de insectos. *Amer Zool.* **2**:209-246.

*Jones, J. C. (1967a). Changes in the haemocyte picture of *Galleria mellonella* (Linna'eus). *Biol. Bull. (Woods Hole).* **132**:211-221.

Jones, J. C. (1967b). Alterações estimadas na população de hemócitos durante a última fase larvar e a fase inicial de pupa de *Sarcophaga bullata* Parker. *J. Insect Physiol.* **13**:1351-1360.

Jones, J. C. (1967c). Normal differential counts of haemocytes in relation to ecolysis and feeding in *Rhodnius. J. Insect Physiol.* **13:** 1133-114 1.

*Jones, J.C. e Liu, D.P. (1961). Contagem total e diferencial de hemócitos de *Rhadniusprolixus* Stal. *Bull. Entomol. Soc. Amer.* **7**:166.

*Kaaya, G.P.; Ratcliffe, N.A. e Alemu, P. (1986). Cellular and humoral defenses of *Glossina* (Diptera; Glossinidae); reactions against bacteria, trypanosomes and experimental implants. *J. Med. Entomol.* **23**:30-43.

Kalia, V.; Choudhari, S. e Gujar, G.T. (2001). Changes in haemolymph constituents of American bollworm, *Helicoverpa armigera* (Hubner), infected with nucleopolyhedrosis. *Indian J. Expt. Biol.* **39**:1123-1129.

*Kislev, N.; Harpaz, I. e Zelcer, A. (1969). Estudos de microscopia eletrónica em hemócitos do verme do algodão egípcio, *Spodoptera littoralis* (Boisduval) infectados com um vírus da poliedrose nuclear em comparação com hemócitos não infectados. II. Hemócitos infectados com o vírus. *J. Invert. Pathol.* **14**:245-257.

* Kitano, H. (1969a). Capacidade de defesa de *Apanteles glomeratus* L. (Hymenoptera : Braconidae) à reação hemocítica de *Pieris rapae crucivora* Boisduval (Lepidoptera : Pieridae). *Appl. Entomol. Zool.* **4**(1):51-55.

*Kitano, H. (1969b). Estudos experimentais sobre o parasitismo *de Apanteles glomeratus* L. com especial referência à sua capacidade inibidora de encapsulamento. *Bull. Tokyo Gekugei Univ.* **21**(4):95-136.

Kitano, H. (1974). Efeitos da parasitização de um braconídeo, *Apanteles,* no sangue do seu hospedeiro, *Pieris. J. Insect Physiol.* **20**:315-327.

Kitano, H. (1982). Efeito do veneno do parasitoide gregário *Apanteles glomerotus* no encapsulamento hemocítico pelo hospedeiro, *pieries. J. Invertebr. Pathol.* **40**:6167.

*Kostritsky, M.; Toumanoff, M. e Metalnikov, S. (1924). *Bacterium tumefaciens* Chez, la chenille de *Galleria mellonella. C. R. Acad. Sci.* **179**:225-227.

Kulshreshtha, V. e Pathak, S.C. (1997). Aspergillus na barata alemã, *Blatella germanica* L. (Blattoidea; Blatellidae) *Mycopathologica* **139**:75-78.

Lackie, A. M. (1936). Transplantation immunology in Arthropods : Is immunorecognition merely wound healing. In: *Immunity in Invertebrates.* Brehelin, M. (ed.), Springer Verlag, Berlin-Heidelberg, pp. 125-136.

*Mackie, A. M. (1986). Evasão da reação de defesa hemocítica de certos insectos por larvas de *Hymenopleptis diminuta* (Cestoda). *Parasitology.* **73**:97107.

*Lai-Fook, J. (1973). A estrutura dos hemócitos de *Calpodes ethlius* (Lepidoptera). *J. Morphol.* **139**:79-104.

*Laigo, F. M. e Paschke, J. D. (1966). Variations in total haemocyte counts as induced by a nosemosi s in the cabbage looper, *Trichoplusia ni. J. Invertebr. Pathol.* **8**:175-179.

*Landureau, J. C. e Grellet, P. (1975). Obtenções de linhas permanentes de hemócitos de Blatte: Características fisiológicas e ultra-estruturais. *J. Insect Physiol.* **21**:137-151.

*Lartschenko, K. (1933). Die unempfanglichkeit der Raupen Von *Loxostege sticticalis* L. und *Pieris brassicae* L. gegen parasiren. Z. *Parasitenk.* **5**:679707'.

*Li, W. F. (1980). Um estudo do hospedeiro de *Beauveria bassiana* (Bals.) Vuill. *Wei Sheng Wu Hsueh Pao.* **7**:103-104.

*Li, Z. (1987). Uma lista dos insectos hospedeiros de *Beauveria bassiana.* In: *Primeiro Simpósio Nacional sobre Fungos Entomogénicos.* Gongzhuling Jilin, República Popular da China.

Lingappa, S. e Patil, R. K. (2002). *Nomuraea rileyi* - Um potencial micoinsecticida. Univ. Agric. Sci., Dharward, Karnataka, Índia.

*Macleod, D. M. (1954). Investigações sobre os géneros, *Beauveria bassiana* (Bals.) Vuill. *Wei Sheng Wu Hsueh Pao.* **7**:103-104.

Mathur, S. B. e Soni, B. N. (1937). Estudos sobre *Schistocera gregaria* Forsk. IX. Algumas observações sobre a histologia do gafanhoto do deserto. *Indian J. Agric. Res.* **7**:317325.

Mazumdar, D.; Puzari, K.C. e Hazarika, L.K. (1995). Mass production of *Beauveria bassiana* and its potentiality on rice hisp a. *Indian Phytopathology* **48**(3): 275-278.

McCoy, C. W.; Samson, R. A. e Boucias, D. G. (1988). Fungos entomogénicos : *CRC Handbook of Natural Pesticides : Microbial Insecticides, Part A. Entomogenus Protozoa and Fungi,* Ignoffo, C. F. (ed.), CRC Press, pp. 151-236.

*Metalnikov, S. (1908). Recherches experimentales sur les chenilles de *Galleria mellonella. Arch Zool. Exp. Gen.* **8**:489-588.

*Metalnikov, S. (1924). Phagocytose et reactions des cellules dans I. immunite *Ann. Inst. Pasteur Paris.* **38**:787-826.

*Metalnikov, S. (1927). L' Infection microbiene et 1' immunite chez la mites des abeilles. *Galleria mellonella.* Monografia, Instituto Pasteur, Masson, Paris.

*Metechnikoff, E. (1884). Ueber eine sprosspilzkrankhirt der phgocyten gegen krankheitserreger. *Virchow's Arch. Pathol Anat. Physiol.* **96:** 177-196.

*Mayer, N. F. (1926). Ueber die Immunitat einiger Raupen inhern Parasiten, den Schlupfwespen, gegenuber. Z. *Angew. Entomol.* **12**:376-384.

*Mitsuhashi, J. (1966). Cultura de tecidos da broca do caule do arroz, *Chilo suppressalis* Walker (Lepidoptera : Pyralidae). II. Morfologia e cultura *in vitro* de hemócitos. *Appl. Entomol. Zool.* **1**:5-20.

Nappi, A.J. e Carton, Y. (1986). Cellular immune responses and their genetic aspects in *Drosophila. In*: Brehelin, M. (Ed.) *Immunity in Invertebrates.* Springer Verlag. Berlim. Heidelberg, pp. 171-187.

*Nappi, A.J. e Silvers, M. (1984). Alterações da superfície celular associadas a reacções imunitárias celulares em *Drosophila. Ciência* **225**:1166-1168.

*Nappi, A.J. e Stoffolano, Jr., J.G. (1972). Distribuição de hemócitos em larvas de *Musca domestica* e *Musca autumnalis* e possível quimataxia durante a parasitização. *J. Insect Physiol.* **18**:169-179.

*Nappi, A.J. e Stoffolono, Jr., J.G. (1971). *Heterotylenchus autumnalis:* Reacções hemocíticas e formação de cápsulas no hospedeiro, *Musca domestica.* Exp. *Parasitol.* **29**:116-125.

*Nappi, A.J. e Streams, F.A. (1969). Reacções hemocíticas. *Drosophila melanogaster* aos p arasitas *Pseudeucolia mellipes* e *P. bochei. J. Insect Physiol.* **15**:1551-1566.

Nayak, P.; Srivastava, R. P. e Naik, G. (1978). Patogenicidade de *Beauveria brongniartii* Tenell a no saltador do arroz, *Parnara mathias* Fabr. *Indian J. Ent.* **40**:418-419.

*Neuwirth, M. (1973). A estrutura dos hemócitos de *Galleria mellonella* (Lepidoptera). *J. Morphol.* **139**:105-124.

*Nittono, Y. (1960). Estudos sobre as células sanguíneas do bicho-da-seda, *Bombyx mori* (L.). *Bull Seric. Exp. Stn.* Tokyo. **16:** 166-171.

*Palliot, A. (1919). Le karyocinetose, nouvelle reaction d' immunite naturelle observe Chez les chenilles de macrol epidopteres. C . *R. Acad. Sci. Paris.* **169**:396-398.

*Palliot, A. (1928). Sobre o equilíbrio natural de *Pyrausta nubilalis* Hb. *Int. Corn Borer Invest. Sci. Rep.* **1** :77-106.

*Palliot, A. e Noel, R. (1928). Recherches histophysiologique surles cellules pericardialis et less elements du sang des larves d'insectes *{Bombyx mori* ewt. *Pieris brassicae). Bull. Hist. Appl. Physiol. Pathol.* **5**: 105-128.

Pathak, J. P. N. (1991). Reacções de defesa mediadas por células em insectos. In: *Insect Immunity.* IBH Publ., New Delhi, pp. 47-56.

*Patton, R. L. e Flint, R. A. (1959). The variation in the blood cell counts of *Periplaneta americana* (L.) during a moult. *Ann. Ent. Soc. Amer.* **52** :240-242 .

Pech, L.L. e Strand, M.R. (2000). Plasmatócitos da traça *Pseudoplusia includens* induzem a apoptose de células granulares. *J. Insect Physiol.* **46**(2): 1565 -1573.

*Pekrul, S. e Grula, E. A. (1979). Modo de infeção da lagarta da espiga do milho *(Heliothes zea)* por *Beauveria bassiana* revelado por microscopia eletrónica de varrimento. *J. Invertbr. Pathol.* **34**:237-247.

*Pingel, R. L. e Lewis, L. C . (1996). O fungo *Beauveria bassiana* (Balsamo) Vuillemin num ecossistema de milho: o seu efeito no inseto predador, *Coleomegilla maculata* De Geer. *Biol. Control.* **6**:137-141.

*Poinar, G.O., Jr. e Leutenegger, R. (1971). Investigação ultra-estrutural do processo de melanização em *Culex pipiens (Culicidae)* em resposta a um nemátodo. J. *Ultrastruct. Res.* **36**:149-158.

*Poinar, G.O., Jr.; Leutengger, R. e Gotz, P. (1968). Ultraestrutura da formação de uma cápsula melanótica em Diabrotica (Coleoptera) em resposta a um nematoide parasita (Mermithidae). *J. Ultrastruct. Res.* **25**:293-306.

*Price, CD. e Ratcliffe, N.A. (1974). A reappraisal of insect haemocyte classification by the examination of blood from fifteen insect orders. *Z. Zellforsch. Mikrosk. Anat.* **147**:537-549.

Puzari, K.C. e Hazarika, L.K. (1991). Eficácia de *Beauveria bassiana* combinada com vários adesivos ou espalhadores contra a hispa do arroz (R.H.). *Intern. Rice Res. Newsl.* **16**(6):21.

Puzari, K.C. e Hazarika, L.K. (1992). Fungos Entomogenus do Nordeste da Índia. *Indian Phytopathol.* **45**:35-38.

Puzari, K.C; Hazarika, L.K. e Deka, N. (1994). Patogenicidade de *Beauveria bassiana* na hispa do arroz, *Dicladispa armigera* Olivier. *Indian J. Agric. Sci.* **64**(2):123-125.

Rabindra, R.J. e Subramaniam, T.R. (1977). Estudos sobre a poliedrose nuclear de *Heliothis armigera* (Hbn.) suscetibilidade e patologia grosseira. *Madras Agric. J.* **61**: 277.

Raina, A.K. e Bell, R.A. (1974). Hemócitos do bollworm rosa, *Pectinophora gossypiella* durante o desenvolvimento larvar e a diapausa. *J. Insect Physiol.* **20**:21712180.

*Rama Mohan Rao, P. (1989). Estudos sobre técnicas de cultura, segurança e potencial de controlo de certos fungos entomopatogénicos de pragas do arroz. Tese de doutoramento, TNAU, Coimbatore.

Rao, P. S . (1975). Ocorrência generalizada de *Beauveria bassiana* em pragas do arroz. *Curr. Sci.* 44(12):441-442.

* Ratcliffe, N. A. (1993). Respostas de defesa celular dos insectos: problemas não resolvidos. *In* : Beckage, N.E.; Thompson, S.N. Federici, B.A. (Eds.) *Parasites and Pathogens of Insects*. Academic Press, Nova Iorque. pp. 245-266.

*Ratcliffe, N. A. e Gagen, S. J. (1976). Reacções de defesa celular dos hemócitos de insectos *in vivo*: formação e desenvolvimento de nódulos em larvas de *Galleria mellonella* e *Pieris brassicae*. *J. Invertebr. Pathol.* **28**(3): 373-382.

*Ratcliffe, N. A. e Gagen, S. J. (1977). Estudos sobre as reacções celulares *in vitro* dos insectos: Uma análise ultra-estrutural da formação de nódulos em *Galleria mellonella*. *Tissue Cell* 9(1): 73-85.

Ratcliffe, N. A. e Rowley, A. F. (1974). Fagocitose *in vitro* de bactérias por células sanguíneas de insectos. *Nature (Lond.)*. **252**:391-392.

Ratcliffe, N. A. e Rowley, A. P. (1979). Papel dos hemócitos na defesa contra agentes biológicos. In: *Insect Haemocytes* (Ed. A. P. Gupta), pp. 331-414. Cambridge University Press, Cambridge.

* Rizki, M. T. M. (1962). Análise experimental da morfologia dos hemócitos em insectos. *Amer. Zool.* **2**:247-256.

Rizki, R. M. e Rizki, T. M. (1990). Partículas semelhantes a vírus parasitóides destroem a imunidade celular *de Drosophila. Actas da Academia Nacional de Ciências* **87**:8388-8392.

* Rizki, R. M. e Rizki, T. M. (1994). Deficiência imunitária celular induzida por parasitóides em *Drosophila. Anais da Academia de Ciências de Nova Iorque* **712**:178-194.

*Rizki, R. M.; Rizki, T. M. e Carton, Y. (1990). Estratégias para evitar as respostas de defesa celular de *Drosophila melanogaster. Experimental Parasitology* **70**:466-475.

*Rizki, T. M. (1957). Alternância na população de hemócitos de *Drosophila melanogaster. J. Morphol.* **100**:437-458.

*Rizki, T. M. e Rizki, R. M. (1959). Significado funcional das células cristalinas na larva de *Drosophila. J. Biophys. Biochem. Cytol.* **5:** 235-240.

* Rizki, T. M. e Rizki, R. M. (1984a). O sistema de defesa celular de *Drosophila melanogaster. Em*: King, R.C. e Akai, H. (Eds.). *Insect Ultrastructure,* Vol. 2 Plenum, New York. pp. 579-604.

Rizki, T. M. e Rizki, R. M. (1984b). Destruição selectiva de um tipo de célula sanguínea hospedeira por uma vespa parasitoide. *Proc. Natl. Acad. Sci. USA.* **81**:6154-6158.

*Rombach, M. C; Aguda, R. M. e Roberts, D. W. (1988). Produção de *Beauveria bassiana* (Deuteromycotina : Hyphomycetes) em diferentes meios líquidos e subsequente condição do micélio seco. *Entomophaga.* **33**:315-324.

*Rombach, M. C; Roberts, D. W. e Aguda, R. M. (1994). Pathogens de insectos do arroz. In: *Biology and Management of Rice Insects.* Heinrichs, E. A. (ed.), Wiley Eastern Ltd., New Delhi, pp. 613-655.

*Rombach, M. C; Rombach, G. M. e Roberts, D. W. (1987). Patógenos de insetos pragas do arroz - uma bibliografia. *Insect Sci. Applic.* **8**:197-210.

Rosenberger, C. R. e Jones, J. C. (1960). Estudos sobre a contagem total de células sanguíneas da larva do verme do exército do sul, *Prodenia eridania* (Lepidoptera). *Ann. Entomol. Soc. Amer.* **53**:351-355.

* Rowley, A. F. e Ratcliffe, N. A. (1976). The granular cells of *Galleria mellonella* during clotting and phagocytic reactions *in vitro. Tiss. And Cell.* **8**:437-446.

*Rowley, A. F. e Ratcliffe, N. A. (1981). Insectos. In: *Invertebrate Blood Cells.* Vol. 2, Ratcliffe, N. A. e Rowley, A. F. (eds.), Acad. Press, Nova Iorque, pp. 421-488.

Russo, J.; Brehelin, M. e Carton, Y. (2001). Haemocyte changes in resistant and susceptible strains of *Drosophila melanogaster,* caused by virulent and avirul ent strains of the parasitic wasp *Leptopilina boulardi. J. Insect Physiol.* **47**(2): 167-172.

Salt, G. (1968a). The resistance of insect parasitoids to the defence reactions of their hosts. *Biol. Rev.* (Cambridge). **43**:200-232.

*Sal, G. (1968b). The resistance of insect parasitoids to the defence reactions of their hosts. *Biol. Res.* **13**:381-495.

Salt, G. (1970). As reacções de defesa celular dos insectos. *Monografia de Cambridge em Biologia Experimental, n.°* 16. Cambridge University Press, Londres.

Salt, G. (1971). Os teratócitos como meio de resistência às reacções de defesa celular. *Nature (Lond.).* **227**:232-639.

*Sal, G. (1973). Estudos experimentais sobre o parasitismo de insectos XVI. O mecanismo da resistência de *Nemeritis* às reacções de defesa. *Proc. R. Soc. Lond.* **183**:337350.

*Sal, G. (1975). The fate of an internal parasitoid, *Nemeritis canescens,* in a variety of insects, *Trans. R. Entomol. Lond.* **127**(2): 141-161.

*Samsinakova, A.; Misikova, S. e Leopold, J. (1971). Ação dos sistemas enzimáticos de *Beauveria bassiana* sobre a cutícula das larvas da traça-da-cera *{Galleria melonella). J. Invertebr. Pathol.* **18**:322-330.

*Shapiro, M. (1966). Pathologic changes in the bl ood of the greater wax moth, *Galleria mellonella* (Linnaeus) during the course of starvation and nucleopolyhedrosis Ph.D. Thesis, University of California, Berkeley, California.

Shapiro, M. (1969). Imunidade dos hospedeiros de insectos aos parasitas de insectos. In: *Immunity to Parasitic Animals.* Vol. 1. Jackson, G. J.; Herman, R. e Singer, I. (eds.), Appleton, Nova Iorque, pp. 211-228.

Shapiro, M. (1979). Changes in haemocyte populations. In: *Insect Haemocytes.* Gupta, A. P. (ed.). Cambridge Univ. Press, Cambridge, pp. 476-523.

Shapiro, M. Stock, R. D. e Ignoffo, C. M. (1969). Alterações hemocitárias em larvas de *Heliothis zea,* infectadas com um vírus de nucleopoliedrose. *J. Invertebr. Pathol.* **14**:28.

*Sharma, P. R.; Tikku, K. e Saxena, B. P. (1986). Um estudo de microscopia eletrónica de hemócitos normais de *Poecilocerus pictus* (Fab.) e a sua resposta a células de levedura infectadas. *Insect Sci. Applic.* **7**:85-91.

*Shrivastava, S. C. e Richards, A. G. (1965). An autoradiographic study of the relation between haemocytes and connective tissue in the wax moth, *Galleria mellonella. Biol. Bull. (Woods Hole).* **128**:337-345.

*Sirotina, M. I. (1961). Deteção hematológica de medidas microbiológicas tomadas contra o escaravelho do Colorado. *Dokl. Acad. Nauk, SSSR* **140**:720-723.

* Smith, H. W. (1938). O sangue da barata, *Periplaneta americana* L. estrutura e degeneração celular e contagem de células. Estudos de insecticidas de contacto. *XIII. Tech. Bull.* No. 71, New Hampshire Agric. Exp. Stn., Durham.

*Sohi, S. S. (1971). Cultivo *in vitro* de hemócitos de *Melacosoma dissitria* Hubner (Lepidoptera : Lasiocampidae). *Can. J. Zool.* **49**:1355-1358.

*Speare, A. T. (1920). Further studies of *Sorosporella uvella,* a fungus parasite of noctuid larvae. *J. Agric. Res.* **18**:399-440.

Stoltz, D. B. e Vinson, S. B. (1979). Vírus e parasitismo em insectos. *Adv. Virus. Res.* **24:** 125-171.

Strand, M. R. e Noda, T. (1991). Alternations in the haemocytes of *Pseudoplusia includens* after parasitism by *Microplitis demolitor. J. Insect Physiol.* **37**(11): 839-850.

*Sussman, A. S. (1952). Estudos de uma micose de inseto. III. Histopatologia de uma aspergilose de *Platysamia cercopia* L. *Ann. Entomol. Soc. Amer.* **45**:233-245.

*Tauber, O. E. e Yeager, J. F. (1935). On the total blood counts of insects. I. Orthoptera, Odonata, Hemiptera e Homoptera. *Ann. Entomol. Soc. Am er.* **28**:229-240.

*Tauber, O. E. e Yeager, J. F. (1936). On the total haemolymph (blood) cell counts of insects. II. Neuroptera, Coleoptera, Lepidoptera e Hymenoptera. *Ann. Entomol. Soc. Amer.* **29**:12-18.

*Taylor, R. L. (1969). A suggested role for the polyphenol phenoloxidase system in invertebrate immunity. *J. Invertebr. Pathol.* **14**:427-428.

*Timberlake, P. H. (1912). Resultados técnicos do laboratório de parasitas da traça-das-crucíferas. IV. Parasitismo experimental: um estudo da biologia de *Limnerium validum* (Cresson). USDA. *Bureau Entomol. Tech. Ser.* No. 19, **5:** 71-92.

*USDA (2002). Indian rice situation. *Indian Grains.* 4(2):27.

*Vey, A. (1968). Reacções de defesa celular nas infecções de bênçãos por *Mucor hiemalis* Wehmer. *Ann. Epiphyt.* (Paris). **19**:695-702.

*Vey, A. e Fargues, J. (1977). Estudos histológicos e ultra-estruturais da infeção por *Beauveria bassiana* em larvas de *Leptinotarsa decemlineata* durante a ecdise. *J. Invertebr. Pathol.* **30**(2): 207-215.

*Vey, A. e Quiot, J. M. (1975). Patologia experimental: Efeito *in vitro* de substâncias tóxicas produzidas pelo champignon *Metarrhizium anisopliae* (Metsch) Sorok. Sur la reaction hemocytaire du Coleoptera *Oryctes rhinoceros (L.).C.R. Hebd. Seances Acad. Sci. Paris Ser. D.* **280**:931-934.

*Vey, A. e Vago, C. (1969). Recherches sur la guerison dans les infections cryptogamiques d'insects : Infecções por *Aspergillus niger.* V. Tiegh. Chez *Galleria mellonella* L. *Ann. Zool. Ecol. Anim.* **1:** 121-126.

*Vey, A. e Vago, C. (1971). Reaction anticryptogamique de type granulome chez les insects. *Ann. Inst. Pasteur (Paris).* **121**:527-532.

*Vey, A.; Quiot, J. M. e Vago, C. (1968). Formation *in vitro* de reactions d' immunite cellulaire chez les insects, pp. 254-263. *In:* C. Barigozzi (Ed.) Proceedings, Second International Colloquium on Invertebrate Tissue Culture. Instituto Lombardo discienze e Lettere Milan.

*Vey, A.; Quiot, J.M. e Vago, C. (1973). Mise en evidence et etude de Faction d'une mycotoxine, la beauvericine, sur des cellules d'insects cultivars *in vitro.* C.R. Hebd. *Seances Acad. Sci. Paris Ser. D.* **276:** 2489-2492.

Vinson, S. B. (1971). Reação de defesa e alterações hemocíticas em *Heliothis virescens* em resposta ao seu parasitoide habitual, *Cardiochiles nigriceps. J. Invertebr. Pathol.* **18:** 94-100.

* Vinson, S. B. (1990). Como os parasitóides lidam com o sistema imunitário dos seus perdigotos: Uma visão geral. *Arch. Insect. Biochem. Physiol.* **13:** 3-28.

* Wago, H. (1983). O importante significado da função filopodial das células granulares fagocíticas do bicho-da-seda *Bombyx mori* no reconhecimento do estrangeiro. *Devel. Comp. Immunol.* 7:445-453.

*Wago, H. e Ichikawa, Y. (1979). Changes in the phagocytic rate during larval devel opment and manner of haemocytic reactions to foreign cells in *Bombyx mori. Appl. Ent.* 14(4):397-403.

*Walker, I. (1959). Die Abwehrreauktion des wirtes *Drosophila melangaster gegen* die zoophage cynipidae *Pseudeucolia bochei. Weld. Rev. Sussie Zool.* 68:569632.

*Webley, D. P. (1951). Contagem de células sanguíneas no gafanhoto migratório africano *(Locusta migratoria migratoriodes* Reiche e F aimaire). *Proc. Roy. Ent. Soc. Lond.* A26:25-37.

Wheeler, R. E. (1963). Studies on the total haemocyte count and haemolymph volume in *Periplaneta americana* (L.) with special reference to the last moulting cycle. *J. Insect Physiol.* 9:223-235.

Whitecomb, R. F.; Shapiro, M. e Granados, R. R. (1974). Mecanismos de defesa dos insectos contra microorganismos e parasitóides. In: *The Physiology of Insects.* Rockstein, M. (ed.), Vol. 5, Acad. Press, Nova Iorque, pp. 447-536.

Wigglesworth, V.B. (1955). O papel dos hemócitos no crescimento e na muda de um inseto, *Rhodniusprolixus* (Hemiptera). *J. Exp. Biol.* 32: 649-663.

*Wille, H. (1974). Estudos sobre a hemolinfa de *Apis mellifera* L. 5. Relações entre a morfologia dos leucócitos e quatro elementos de doença. Mitt. Schweig. *Entomol. Res.* 47:133-149.

*Wille, H. e Veechi, M. A. (1966). Etude Sur **l'** hemolymphe de I'abeille *(Apis mellifica* L.) I. Les Frottis de sang de l'abille adelte adulte d'ete. Mitt. Schweiz. *Entomol. Ges.* 34:69-97.

Wittig, G. (1962). A patologia das células sanguíneas dos insectos: A review *Amer. Zool.* 2: 257268.

* Wittig, G. (1965). Fagocitose por células sanguíneas em lagartas saudáveis e doentes. I. Fagocitose de *Bacillus thuringiensis* Berliner em *Pseudoletia unipuncta* (Haworth). *J. Invertebr. Pathol.* 7: 474-488.

Wittig, G. (1968). Fagocitose por células sanguíneas em lagartas saudáveis e doentes, III algumas observações contendo corpos de inclusão de vírus . *J. Invertebr. Pathol.* **10:** 211.

*Xeros, N. e Smith, K. M. (1954). Outros estudos sobre o desenvolvimento de vírus nas células de insectos. In: *Proc. Int. Conf. Electron Microsc. (Lond.) Viruses,* pp. 259-262.

*Xu, Q. F. (1992). Revisão do estudo, produção e aplicação de *Beauveria bassiana* na China. In: *Proc. XIX Intern. Congresso de Entomologia.* Beijing, China, pp. 301.

Yadava, C. P.; Srivastava, R. P. e Nayak, P. (1979). Suscetibilidade das brocas do arroz ao fungo entomogénico *Beauveria brongniartii* Sacc. *Indian J. Ent.* **41**:100-102.

*Yadava, U. (2002). Reacções imunitárias mediadas por células em 5th fase larvar de *Ropalidia marginata* (Hymenoptera: Vaspidae). *Entomon.* **27**(3): 309-312.

* Yeager, J. F. (1945). O quadro sanguíneo da lagarta-do-cartucho-do-sul *(Prodenia eridania). J. Agric. Res.* **71**:1-40.

*Zachary, D.; Brehelin, M. e Hoffmann, J. A. (1975). Role of the "thrombocytoides" in capsul e formation in the dipteran *Calliphora erythrocephala. Cell Tissue Res.* **162**:343-348.

*Zimmermann, G. (1993). O fungo entomopatogénico *Metarhizium aniospliae* e o seu potencial como agente de biocontrolo. *Pestic. Sci.* **37**:375-379.

*Zohdy, N.; EL-Moursy, A. A.; Kares, E. A.; Abdel-Rahman, A. M. e EL-Mandarway, M. B. R. (2000). Efeitos do delfin e do baythroid nas contagens totais de hemócitos (THCs) e na percentagem de hemócitos em larvas saudáveis e parasitadas do verme da folha do algodão. *Egyptian J. Agric. Res.* **78**(4):1569-1586.

(* Original não visto)

MIX
Papier aus verantwortungsvollen Quellen
Paper from responsible sources
FSC® C105338

Printed by Books on Demand GmbH, Norderstedt / Germany